努力到
无能为力

坚持到
感动自己

邓兮 编著

中国纺织出版社

内 容 提 要

没有任何人能够不努力就获得成功，每个人要想在人生之中有所收获，彻底扭转命运、改变命运，就要最大限度发挥自身的力量，激励自己创造人生的奇迹。

本书从心理学的角度剖析人的心理状态，帮助人们解决心中的困惑，从容积极地面对人生，以坚持和绝不放弃的精神支撑起人生的精神大厦。

图书在版编目（CIP）数据

努力到无能为力，坚持到感动自己 / 邓兮编著.
—北京：中国纺织出版社，2018. 8
ISBN 978-7-5180-5177-9

Ⅰ.①努… Ⅱ.①邓… Ⅲ.①成功心理—通俗读物
Ⅳ.①B848.4-49

中国版本图书馆CIP数据核字（2018）第136561号

责任编辑：闫 星　　特约编辑：李 杨　　责任印制：储志伟

中国纺织出版社出版发行
地址：北京市朝阳区百子湾东里A407号楼　邮政编码：100124
销售电话：010－67004422　传真：010－87155801
http：//www.c-textilep.com
E-mail：faxing@c-textilep.com
中国纺织出版社天猫旗舰店
官方微博http：//weibo.com/2119887771
三河市延风印装有限公司印刷　　各地新华书店经销
2018年8月第1版第1次印刷
开本：880×1230　1/32　印张：7
字数：193千字　定价：39.80元

前言

每个人来到这个世界，并不希望自己一无所获、一事无成，而是渴望着在人生中创造成就，完善自己。在《职来职往》中，大名鼎鼎的企业家杨石头曾经说过，要拼搏到无能为力，坚持到感动自己，那么不妨把这句话改变一下，即努力到无能为力，拼搏到感动自己。要知道，对于很多人而言，直接去拼搏显然是心有余而力不足的，所以在拼搏之前先要以努力热热身，哪怕努力的结果未必是辉煌璀璨，也要坚持下去，也要不遗余力地拼搏，这样才能给予自己完满的交代。现实生活中，偏偏有很多人，他们在人生的道路上往往并没有走多远，也没有付出很多，却因为懒惰就这样放弃。有些人还会抱怨自己运气不好，生而不是富二代或者官二代，也没有非富即贵的家庭背景。殊不知，并非人人都能出生在不同寻常的家庭，更并非人人都能如愿以偿过上自己想要的生活。一个人要想实现人生的理想，在通往成功的道路上不断前行，就要努力，就要坚持，就要不遗余力。

然而，很多人对于努力的理解不尽相同。有些人稍微付出小小的努力就觉得自己已经拼尽全力，而实际上他们并没有真正不遗余力去努力。还有的人对于努力的标准和要求都比较高，已经不断付出，却依然给自己提出更高的要求。在一次又一次失败之后，他们依然不断地尝试，依然不顾一切想要把事情做得更好。是否努力固然要用心去判断，但是却不能完全主观判断自己是否努力。真正的努力是有目共睹的，是问心无愧的，也是付出所有的。

每个人都有理想和梦想，有些人理想远大，有些人的梦想是超现实的。然而，无论人生的目的地是很近还是很遥远，都不可能一步之遥就到达。作为既没有出色天赋也没有超级好运的普通人，我们唯有更加努力，不放弃一分一毫的机会，才能以百分之一的可能性博取百分之百的成功。很多人羡慕科学家的光鲜亮丽，却不知道科学家之所以能够到达人生的巅峰，并非是因为他们有着独特的过人之处，而是因为他们在遭遇无数次失败和挫折之后，依然能够坚定不移地奋勇向前。

曾经有心理学家研究发现，大多数人的天赋其实相差无几，那么为何他们在人生的道路上有着截然不同的收获和成就呢？是因为有些人一旦失败就彻底放弃，始终与失败纠缠不休；而有些人在遭遇失败之后，却能够越挫越勇，绝不放弃。

对于努力，我们还是要制订一个标准，那就是一定要努力到再也没有任何力气，甚至觉得无能为力的情况下，才能坦然接受命运的安排。否则，我们就要继续拼搏，绝不放弃，不忘初心，方得始终。记住，你是这个世界上独一无二的生命个体，你是无可取代的，也是不可战胜的。你生存的意义就在于要拼尽全力成就自己，创造人生的奇迹！

编著者

2018年3月

目录

第03章　拼命努力，别让宝贵的时间空耗

第04章　越挫越勇，爱迪生也失败过一千次

第05章　全力以赴，不留退路才能看见出路

第08章　战胜自己，努力成为更好的自己

第09章　直面风浪，阻力往往是进取的动力

第10章　专心致志，成功有时候需要一根筋

第 01 章

人生就是一场自己与自己的较量

对于每个人而言，最大的敌人就是自己，所以从本质上而言，人生实际上就是一场自己与自己的较量，也是一场充满困厄的旅程。在人生中，我们一定要扬起风帆，绝不向命运屈服，才能最终成功地挑战命运，也才能绝处逢生，绝不气馁。在与自己的较量中，有一点是每个人都需要注意的，那就是绝不要把力量一味地对外，而要让自己更从容、更坦然，只有发自内心接纳命运，人生才会有更美好的未来。

假如生活欺骗了你

假如生活欺骗了你，不要悲伤，不要哭泣……尽管俄国诗人普希金并没有给出我们如果被生活欺骗该怎么做的准确答案，但是他却为我们指明了方向，那就是不要悲伤，不要哭泣。就像宇宙一样，生活也是有很多黑洞的，每个人总是一不小心就掉入生活的黑洞，甚至不知所措。面对生活的无奈，我们到底该如何做，才能让自己坦然呢？不得不说，每个人在一生中都要迈过各种各样的坎，新生儿要闯过生死之关，满月和百日都是值得庆祝的，因为度过这样的人生阶段意味着新生儿越来越坚强、越来越强大，也有更多的力量应对人生的困境。随着不断的成长，孩子成为成人，面对生活和工作更是有无数的苦恼。他们从幼儿园到大学，经历了无数次毕业，原本以为大学毕业开始工作就可以不用再毕业，却发现人生需要更多次毕业，才能有所收获、有所成就。

面对一次又一次超越人生，突破和提升自我，我们未免感到困惑：到底怎样的人生才是我们真正需要的呢？的确，人生从来不是单行道，也不是只需做好一件事情就能交差的。要想真正摆脱人生的困境，要想不被生活欺骗，我们就要怀着积极的态度面对人生，就要在人生之中拥有从容不迫的态度。

大学毕业后，林亚就与青梅竹马的大学男友刘强结婚了。结婚后，林亚原本想工作几年，与刘强一起打拼，却意外怀孕，导致人生突然面对两难的选择。原本，林亚想打掉胎儿，因为她才开始工作，还没有做出什么名堂来呢！但是两家的父母都不同意林亚的决定，尤其是妈妈，面对马上就要当姥姥的现实，更是兴奋得夜不能寐。后来，在全家人的坚持下，林亚只能忍痛辞掉工作，在家安心地度过孕期生活。后来，又因为给孩子母乳喂养，林亚足足在家待了两年，才开始找工作，希望再次走上社会。

正当此时，林亚突然遭受了致命的打击。原来，林亚从闺蜜那里得知刘强居然有外遇了，是闺蜜去外地出差的时候碰到的。那个时间段里，刘强告诉林亚自己也在外地出差，闺蜜却在偶遇刘强之后发现，刘强正带着一个非常年轻的女孩度假。闺蜜思来想去，还是给林亚打了电话。得到这个消息，林亚如同遭遇晴天霹雳，整个人彻底蒙了。她无论如何也想不明白，自己和刘强是青梅竹马的恋人，而且自己这两年牺牲掉事业孕育孩子，刘强为何要这么对她呢？等到刘强回到家里的时候，林亚已经勉强恢复了平静。林亚是个典型的完美主义者，她不能容忍自己的婚姻和爱情有这样的瑕疵，为此她当即向刘强提出了离婚。尽管刘强说自己是逢场作戏，苦苦哀求林亚的原谅，但是林亚却不为所动。在林亚的坚持下，她和刘强的婚姻结束了，她带着孩子搬出家门，独自生活。原本，闺蜜很担心林亚遭到这样的打击之后一定会无法承受，却没想到原本柔弱的林亚像是变了一个人，把孩子交给父母看管之后，马上就开始找工作。因为脱离社会两年，也缺乏工作经验，她不惜从最基础的工作干起，也要让自己保持工作的状态，从而充满活力。一段时间之后，那个自信的林亚回来了，她不但成为单身的美丽妈妈，而且在职场上也崭露头角，把工作做得风生水起。可以说，在人生的又一所学校中，林亚顺利毕业了。

正当自己全心全意为家庭付出的时候，最爱的人却带着年轻的女孩共度良宵，不得不说这样的打击对于每个女人而言都是难以承受的。但是林亚没有选择自暴自弃，也没有更多地抱怨。她逼着自己接受现实，也始终保持自己的尊严，最终带着孩子离开家，开始独立的生活。在父母的帮衬下，林亚终于重塑内心，也找回了自信和勇敢，更为孩子树立了良好的榜样。每一位妈妈都不仅仅属于自己，也属于孩子，更要为孩子树立积极乐观的榜样。有这样的林亚，相信她的孩子即使在单亲家庭中成长，也一定会拥有更美好的未来。

人生在世，总要经历各种各样的学校，也许真正系统的学校教育是最让人快乐的。在走出大学的大门，进入社会之后，一场又一场的毕业和学习，才是让人难以接受和无法面对的。越是这样，我们越是要怀着坚强的态度，从人生的学校毕业，给自己最圆满的交代和最优秀的成绩。相信自己，你一定能行！

让我战胜我，才是真的勇敢

心理学家弗洛伊德曾经把人分成好几个我，有原我、本我、超我。对于每个人而言，内心深处也会住着一个自己，要想最大限度地发挥人生的力量、从容地挣脱内心的束缚、激发出自身的潜能，不断地与自我挑战，让一个我战胜又一个我，才是最重要的，才是真正的勇敢。每个人都要努力挣脱内心的囚牢，都要摆脱人生的不如意，都要让自己虽然身处困境却能凤凰涅槃，最终让人生柳暗花明又一村。从本质上而言，一个人想要拥有怎样的人生，对于人生未必能够起到决定性作用，因为仅仅是想一想并不足以改变人生，要想成为人生的主宰，每个人都必须非常努力，也绝不放弃，才能让人生柳暗花明、绝处逢生。

对于一个婴儿而言，他一定不会设想自己的一生将怎样度过，这是因为他对于人生完全没有规划，甚至在很长一段时间内只能依靠父母生存。对于一个成年人而言，一味被动地等待人生降临，接受他人的安排，这样的人生态度显然是不足取的。对于每个成人而言，一定要成为人生的主宰者，才能在人生之中拥有更辉煌灿烂的未来。记住，人生不是茫然无边的大海，每个人也不是海面上随波逐流的一叶扁舟。只有成为人生的舵手，才能在人生的道路上奋勇向前，才能让人生更加崛起，变得与众不同。

曾经有一份社会调查显示，大多数老年人在失去了生存的能力后变得老无所依，只能依靠社会和政府的接济生活，虽然他们有子女。

而少数老年人尽管已经垂垂老矣，却依然竭尽所能去努力工作，为给自己养老而不遗余力。为了更好地解决社会养老问题，有人专门针对一百位年富力强的年轻人展开调查，想看看他们在竭尽全力工作之后，会拥有怎样的老年生活。这些年轻人让研究者非常失望，因为他们尽管年富力强，充满活力和创造力，但是他们在人生最美好的年华却从未思考过未来养老的问题。他们只是按部就班地工作和生活，对待工作也是当一天和尚撞一天钟，根本没有把工作当成事业去做，也没有把人生当成有机的整体。可想而知，等到年华老去，他们也步入老年，情况就非常尴尬了。他们和此前自己的父辈、祖辈一样，依然面临着尴尬的养老窘境，根本不知道如何才能摆脱困境，让自己生活得更好。难道是命运对他们不公平吗？还是他们压根就不想扼住命运的咽喉？如此看来，原因当然要归结为后者。

每个人要想扼住命运的咽喉，要想在命运的滚滚洪流中始终掌握和主宰方向，就一定要调整好心态，更要在任何可能的情况下创造人生的奇迹。既然外界的环境是很难改变的，那么我们就要改变自己的内心，而不是任由命运随波逐流，更不能在命运的挫折和磨难中丢盔弃甲，一败涂地。要记住，在这个世界，每个人都是独一无二的生命个体，每个人都是生命的主人，只有自己才能主宰命运，创造人生，而不是把希望寄托在别人身上。如果你因为平凡而抱怨自己、埋怨命运，那就要意识到是你甘于平凡的心让你的人生成为一潭死水，再无半点涟漪。否则，如果你的内心充满希望，如果你对人生绝不放弃，你当然能够活出独属于自己的精彩人生。

我们每个人都是凡夫俗子，都是人世间最平凡的存在，但是我们却不能因此而妄自菲薄，更不能打着超脱人世的旗号放纵自己，放纵人生。人固然要摆脱物质的奴役，也要维持内心的平静淡然，所谓岁月静好并非指的是岁月只能安稳，不能绚烂。在追求简单快乐人生的同时，我们也要有理想有抱负，对于人生更要有自己的规划，才能在人生的道路上勇往直前，绝不放弃。记住，任何时候都不要局限于内心的囚牢，任何时候也都不要成为物质和金钱的奴役。正如人们常说的，每个人在这个世界上都是赤条条地来，赤条条地去，与其因为内心的束缚而导致人生受到局限，不如让心安然，让灵魂也有处安放。

当然，一个人要想提升自己的素质和涵养，拥有一颗平静如水的心，并非是简单容易的事情。所谓的人生哲学尽管教会人们很多做人做事的道理，但是真正的人生真谛却在于内省。不管外在的世界如何变化，我们唯有更多地反思自身，更多地关注自己的心灵，才能在人生的道路上勇往直前，也才能坦然面对人生的一切际遇。人的一生中也许真的会遭遇很多挫折和磨难，但是只要我们不放弃，只要我们发自内心相信自己一定能够渡过难关，那么我们就能激发出自身的潜能，从而让自己从容镇定，理智面对人生。

每个人人生中都会经历各种各样的事情，也会产生各种各样的情绪。这样的情绪，既有积极乐观的，也有消极悲观的，我们必须更加积极乐观地面对人生，消除内心中消极悲观的情绪，才能超越自己的内心，突破内心的囚牢，最终以正确的姿态面对人生，以勇敢的心取胜人生。你信故你在，如果你不信，那么你的生命又有何存在的理由呢？所以每个人都要坚定不移地相信自己，努力成为命运的主宰，才不枉生命的锤炼，才能让自己凤凰涅槃、浴火重生！在这个世界上，真正的勇敢者是能够战胜自己的人，因为唯有战胜自己的人才能征服整个世界！

绝不妥协，战胜自己

每个人都有一定的能力，之所以说是一定的，是因为人的能力从来不是无止境的，人的未来也不是随心随遇、心想事成的。大多数人要想在人生中拥有美好的未来、发掘自身的潜力，就一定要努力奋发向上，这样才能在人生的道路上勇往直前，才能在遇到坎坷挫折的时候绝不放弃。

要想拥有充实精彩的人生，最重要的就是绝不妥协，战胜自己。要知道，每个人都是这个世界上独一无二的生命个体，每个人的思维都是全面的、立体生动的。一个最基本的人一定是具有思维能力的人，人们总是要思考问题的方方面面，才能打开思路，也才能奔向人生的成功。现实的道路上，为何很多人整日操劳忙碌，却总是与失败纠缠，毫无收获呢？为何有的人非常富有，且命运总是青睐他们，让他们始终能够不劳而获，或轻而易举获得成功呢？并非因为他们真的拥有好运气，而是因为他们在人生的道路上始终能够奋发向上，始终能够战胜自己、超越自己，获得成功。

相信很多朋友对于小时候学习的经历都有过深刻的体验，那就是很多同学看似勤奋，在学习上却没有有效的收获；极少数同学总是轻轻松松就能担当“学霸”的称呼，越是在考试之前，他们越是能够放松地玩乐，最终在学习上能够有所收获。实际上，前者与后者最根本的区别就在于，前者把功夫用在考试之前，未必能够取得好成绩，后者却把机会用在平日里，因而考试之前反倒显得轻松自如，也能够从容应对。

每个人都希望过轻松快乐的生活，但是对于每个人而言，一味地享受轻松快乐并不能让生活朝着我们所预想的方向发展，只会让我们活得更累，且毫无成就感。一个人要想在生命中有丰实的收获、好的结果，就要坚持努力，越是在面对生活的困境时，越是能够从容淡然，也越是能够在人生中有所收获。

对于人生而言，每个人出生时的起点都是完全不同的，所以最重要的不是起点在何处，也不是能够得到多少外力的帮助，而是能够坚持自我，能够在生命中最艰难的时刻淡然以对，能够始终坚持自己的想法和思路，从而在思考中度过深沉的人生、充实的人生。现实生活中，有些人脾气非常暴躁，哪怕遇到一点点小事也会马上大发雷霆，根本无法控制自己的情绪。不得不说，很多人对于战胜自我的理解过于狭隘，他们觉得所谓战胜自我就是激发出自身的潜能，获得成功，而实际上真正能够主宰和战胜自我的人，是能控制自身的情绪，疏导自己的不良情绪，也能在人生道路上把握命运的帆船勇往直前的人。

在这个神奇的世界，万事万物都讲究调和，人的内心也是如此。一个人要想主宰命运，要想在命运中有所突破、有所成就，就必须调整好自己的心态。没有谁的人生会是一帆风顺的，如果人人在命运遭受小小的挫折时就变得颓废绝望，甚至想要放弃生命，那么这样轻贱的生命也就没有什么意义。随着社会不断发展，人的内心也越来越浮躁，无数人陷入欲望的沟壑中无法自拔，也因为人生的漫无目的而随波逐流。试想，人生之路原本就是充满艰难坎坷需要跋涉的，如果再没有最基本的精神支撑，总是因为各种磨难变得毫无活力，那么人生又如何能够坚持下去呢？

所谓生活的艺术，曾经有一位百岁老人在接受记者采访时说过，对于生活，唯一的技巧就是熬。在漫长的生活道路上，唯有艰难地熬过去，唯有不断地努力向前，唯有在人生感到绝望的困境中依然坚持不懈，才能熬过去，也才能让人生有更加美好和幸福的未来。否则，一味地陷入生活的困境，而不知如何自救，钻入思想的死胡同却不知怎样出来，则一切都会变得更加糟糕。

唯有内心平和的人，才能真正做到从容应对人生；唯有心境坦然的人，在面对人生的困厄时，才能奋发向上、勇往直前。有的时候，所谓的忍让和宽容并非是退却，可能是以退步的姿态进攻，更有可能是修身养性，让自己的心成为一泓清泉，平静坦然，唱着欢快的歌儿勇往直前。

对于任何人而言，禁锢自己的并非是客观存在的外界，人心的力量是很强大的，哪怕是不如意的外部世界，也绝不可能真正击垮人生。只要心中的精神永远屹立不倒，只要内心充满快乐与满足，任何时候，人都能战胜厄运、战胜自己，从而获得人生中真正意义上的成功。

成为人生的主宰，绝不放弃

现实生活中，为何有些人总是与失败苦苦纠缠，不管怎么努力都无法获得成功呢？并非是因为他们没有好运气，也不是因为他们缺乏天赋，而是因为他们在遭遇失败之后没有采取积极的态度对待失败，也无法从失败中汲取经验和教训，从而让人生踩着失败的阶梯不断地向上、向前，获得莫大的成功。

人是情感动物，都有七情六欲、喜怒哀乐惧，这是人生的软肋。当人生遭遇困境的时候，与其一味地沉浸在抱怨之中，不如消除内心的绝望和恐惧，让自己努力地向前，绝不懈怠。人活一口气，如果人连所谓的一口气都不争了，那么在人生之中还有什么精气神激励着他们奋发向上、勇往直前呢？只有在人生的道路上不断向上、努力向前，才能在未来拥有更多，也收获更多。

当然，这并非让我们在人生之中死死抓住一切绝不放手，同时也要学会舍弃。人生中，并非每件东西和每个人都是我们必须死死抓住不能放弃的，也并非每个人生的绝望瞬间都让我们陷入其中。一个真正的理智者，必然知道自己应该抓住什么，舍弃什么，这样才能站在该站立的位置，努力向前，竭尽全力去做好。面对人生，没有任何人是轻松的，每个人都必须当机立断，展开行动，才能保持热情和激情面对生活，才能燃起斗志掌控人生，也才能让人生效率倍增。任何情况下，一味地伤心绝望，或轻而易举地放弃人生，都会让我们失去生活的热情，斗志全无。古人云，一鼓作气，再而衰，三而竭，就是告诉我们要满怀斗志，勇敢地接纳和面对人生。

细心的朋友会发现，大多数成功者都是具有行动力的人，他们不会像很多失败者一样把梦想停留在空想阶段，而是竭尽所能去实现人生的梦想，也最大限度打开通往梦想的通道。他们很清楚珍惜时间就是珍爱生命，因而不管是在切实展开行动之前，还是在已经展开行动的过程中，他们都是真正的实干家，不会因为任何理由而搁浅行动。正是这种行动前不犹豫、行动中不放弃的精神和行事作风，才让他们在人生道路上勇往直前、绝不畏惧，也让他们在面对人生的困境时从来不轻易缴械投降。

众所周知，罗斯福是美国历史上一位非常优秀的总统，深受美国人民的爱戴。作为政坛上的传奇人物，罗斯福以残疾之躯执政美国，而且把国家治理得很好。其实，这并非因为罗斯福有什么过人之处，而是因为他有着雷厉风行的作风，任何情况下都能当机立断，展开行动，无论遇到什么困难也绝不放弃。作为普通人，我们当然不能与美国总统相提并论，但是我们却可以向罗斯福学习，从而让自己超越人生的困境，实现人生的飞跃。行动之前，不要过多地考虑最终的结果将会如何，否则就会丧失勇气；在行动的过程中，哪怕面临再大的困境也绝不要停止行动，这样才能一鼓作气，获得成功，也给自己圆满的交代。人生从来不是用来放弃的，唯有真正的强者才有资格把握人生，也唯有真正的强者才能在人生陷入绝境的时候，从容面对，理智战胜人生。绝不放弃，这既是人生的信念，也是人生中最伟大的力量。

把战胜自己当成人生的乐趣之一

众所周知，每个人在世界上最大的敌人都是自己，每个人也唯有真正地战胜自己，才能获得生命的力量。既然哭着也要战胜自己，笑着也要战胜自己，我们就不能以哭泣给人生泄气，与其哭丧着脸沮丧地战胜自己，不如打起精神，面带微笑，积极地给自己打气，战胜自己。让人生拥有更积极向上的力量，让人生在不断努力奋斗的过程中生成。要知道，人生从来不是单行道，而是有诸多成功的可能性。所谓条条大路通罗马，就是说我们必须给人生开拓道路，采取发散性思维，给自己找到更多人生成功的可能性。

把超越和战胜自我当成人生的乐趣之一，会让我们在人生中充满积极的力量，也会让我们面对生命的困厄时更坦然、更从容。要知道，唯有勇敢地与自己较量，我们才能不断地从各个方面提升自己，而每一次战胜和超越自己，我们都像是获得新生，也把人生提高到崭新的高度。毕竟，对于每个人而言，最艰难的就是战胜自己，就是在与自己的较量中取胜。唯有不断地超越自己，在生活和事业上获得双赢，我们才算拥有成功的人生。

很久以前，一对孤苦无依的兄弟小小年纪就失去了父母，艰难地生活在村庄里。他们为了填饱肚子活下去，不知不觉间走上了歪路，开始偷窃。有一次，他们偷了村民的羊，被人抓住，受到了严厉的惩罚——额头上烙印上“ST”两个字母。“ST”的意思就是偷羊的贼。整个村子都信奉宗教，因而村民十分唾弃兄弟俩，看到他们出现的时候，都躲得远远的，有的村民还会满怀嫌恶地对他们指手画脚。在这样的情况下，哥哥实在没有颜面继续在村子里生活下去，在一个夜晚离家出走，从此之后再也没有回来过。弟弟却不愿意离开故土，从此之后，弟弟以实际行动为自己赎罪，在村子里面对任何人都毕恭毕敬。当有村民遇到困难的时候，弟弟还会竭尽全力去帮助村民。每到收获的季节，弟弟忙完家里的活计，就马上去帮助其他村民收割庄稼，而不要任何报酬。

转眼之间，几十年过去了，曾经还是少年的弟弟已经成为白发苍苍的老人，年逾古稀。每当弟弟出现在村民面前的时候，所有村民，无论老少，都对弟弟毕恭毕敬，从来不会对弟弟有任何非议。有些晚辈曾经受过弟弟的恩惠，还会向弟弟鞠躬行礼呢！有一天，一个人来到村子里游玩，看到弟弟额头上烙印的“ST”字样，又看到村子里几乎所有人都对弟弟毕恭毕敬，因而忍不住问村民：“这个人额头上烙印的‘ST’有什么特殊的意义吗？为何所有人都这么尊敬他呢？”村民很年轻，根本不知道弟弟头上烙印的由来，因而摇了摇头。这个游客想了想，一拍脑门，确凿无疑地说："我知道了，'ST'一定是圣徒的缩写！"就这样，游客也和当地人一样对弟弟毕恭毕敬。

面对一时糊涂犯下的错误，哥哥和弟弟都受到了相应的惩罚。哥哥选择了逃避，他在一个夜晚离开家乡，一去不返。和哥哥不同，弟弟虽然知道自己将会背负终生的耻辱，但是他很清楚自己不能逃避，而是要从哪里跌倒就从哪里站起来，绝不放弃努力。最终，弟弟以坚韧不拔的努力付出，赢得了全村人的尊敬，也因此让他额头上偷羊贼的标志变成了"圣徒"的标志，这是因为弟弟这么多年来一直在履行"圣徒"的义务，所以才能以温暖融化全村人的心。

每个人都应该坚持超越自己。古人云，人非圣贤，孰能无过，的确，对于每一个凡夫俗子而言，犯错是难免的，最重要的在于犯错之后不要逃避，而是竭尽所能弥补错误，重新树立自己的形象和尊严。尽管人生是不可重来的，但是每个人都有弥补错误的机会，只要发自内心地意识到错误的严重后果，意识到自己的人生必须坚定不移、努力向前，那么犯错误就并非那么可怕。

坚持到所有人都退却，也绝不放弃

没有谁的人生是一帆风顺的，也没有谁能够一蹴而就获得成功。每个人要想获得成功、有所成就，给自己最好的交代，就必然要经历很多的艰难困苦，也要在挫折与失败之间苦苦挣扎。难道那些成功者从来不知道失败的滋味吗？当然不是。而是那些成功者在面对失败的时候，能够坚持不懈，哪怕遭遇再多的磨难也绝不放弃，更不会失去希望。由此可见成功者之所以能够成功，是因为他们始终坚持自我，向着成功不断奋进。不管做什么事情，我们都要百折不挠，都要在跌倒了之后勇敢地爬起来，继续奋斗，勇往直前。

对于每个人而言，最可怕的是退却，因为退却是发自内心的力量，是很难战胜的。日常生活中，人们常常用“灰心丧气”来形容他人如同斗败的公鸡，其实这个形容词用得非常准确。所谓灰心，正是退却的表现，正是动摇之后要放弃的欠揍。不管怎样的努力，一旦与灰心丧气沾上关系，就会前功尽弃，彻底失败。如果我们想要到达成功的目的地，就要充满信心，这样才能在人生之中勇往直前，绝不放弃和退缩。所以哪怕别人都放弃了，我们也应该坚定自己的理想，努力勇敢地向前。众所周知，伟大的发明家爱迪生是电灯之父，他之所以能够发明电灯，除了自身勤奋好学之外，与他绝不放弃的精神有着密切的关系。为了找到合适的材料作为灯丝，爱迪生尝试了1000多种材料，进行了7000多次实验。哪怕助手都已经灰心丧气，他却说每一次失败的实验都至少告诉他们哪种材料不适合作为灯丝。正是这样的信心和坚持，爱迪生才能发挥自己的创造力，为全世界的人带来光明。

作为大名鼎鼎的作家，小仲马原本可以依靠父亲大仲马的名声取胜，但是他却坚持靠着自己的力量，绝不轻易放弃。他没有告诉任何人自己的父亲是大名鼎鼎的大仲马，而是笔耕不辍，努力创作优秀的作品。直到《茶花女》问世，在文坛上引起了巨大的轰动，人们才知道才华横溢的小仲马原来是大仲马的儿子。不得不说，小仲马的成功取决于他的自信，更取决于他绝不放弃的精神和毅力。

作为英国的前任首相，丘吉尔在世界历史上留下了浓墨重彩的一笔。对于成功，丘吉尔也有自己的理解，他说，成功是一种能力，这种能力能够帮助人们从一个失败走向另一个失败。乍听，丘吉尔对于成功的理解似乎有些消极，但是实际上，丘吉尔恰恰说出了成功的真谛和意义。一个人如果能够真正明白获得成功的途径，面对失败的时候绝不畏惧，也绝不放弃，那么他才有更大的可能性获得成功。

对于人生，人们曾经给予很多巧妙的形容和生动的比喻。有人说人生是一场没有归途的旅程，有人说人生是一次博弈，也有人说人生是一场牌局。实际上，人生更像是一场棋局，这场棋局永远也下不完，每走一步，我们都要在人生的道路上坚持向前、谋篇布局，思量好自己下一步到底应该怎么走，这样才能竭尽全力把每一步都走好。当然，即使机关算尽，人生也不可能只有正确的棋路，很多时候，人们总是一不小心就把一步棋走错了，在这种情况下，不要担忧，也不要畏惧，因为人生的棋局从来不是绝对正确的，也不是绝对错误的。每个人哪怕在人生的道路上遭遇风雨泥泞，走错了一步甚至几步棋，只要能够坚持下去，拼尽所能去弥补，踩着失败的阶梯站起来，那么就能汲取经验和教训，从而让人生柳暗花明，拥有更美好的未来。

朋友们，任何情况下，都不要轻易放弃人生。不管是你的朋友已经放弃了，还是你的敌人已经动摇了，你都要坚定不移把握好人生的方向，这样才能在人生之路上勇往直前，才能把握好命运之舟，引导自己走好人生的道路。古今中外，大多数有所成就的人，无一不是人生的成功者。面对人生的逆境，他们绝不放弃，也不妥协，而是坚定不移，勇往直前，努力奋斗，淡定从容，始终高举人生的旗帜，成为人生真正的胜利者！

身处绝境，不如再逼自己一把

这个世界上并没有真正的绝境，只要心中不迷失方向，不要在原地兜兜转转，我们就要坚持不懈地走下去，总有一天会走到沙漠的边缘，走回人生的绿洲。但是如果失去方向，情况就会变得很可怕。曾经，一位西方国家的极限运动员为了挑战自我，独自深入阿尔卑斯山。起初，他一直与外界保持联系，后来他突然失联，人们立即展开援救。十几天过去，人们终于找到了他，让人惊讶的是，他就在距离最初失踪地点大概6公里的地方。原来在十几天的时间里，他一直在这个地方兜兜转转，他曾以为自己只要保持每天都走十几小时的路程，就一定能够走出困境，最终的事实却证实他走了十几天，却没有走出这6公里。这个事实告诉我们，一个人唯有保持正确的方向才能走出困境，如果方向始终是错的，即使再怎么努力，也只能原地打转。很多人都曾看过驴子推磨的情形，驴子的眼睛被一块黑布遮挡起来，这样一来，驴子根本看不到外界的情况，它不停地走啊走啊，却始终无法走出那个小小的磨盘。和驴子不同，马却能日行千里，这是因为马很清楚自己的方向，因而能够朝着目标不断地奋进。聪明的朋友一定知道不能做那个失去方向的人，也不能成为围着磨盘打转的驴子。唯有成为千里马，才能让人生进入崭新的天地，得以改变，创造奇迹。

遗憾的是，现实生活中有很多人都在绕圈子，兜兜转转，无法摆脱困境。那么除了明确方向之外，还有什么办法可以突破人生的困境，甚至摆脱人生的绝境呢？面对困厄，大多数人所想的都是如何解脱自己，却没有想到当人生面临着悬崖，后有追兵，前面却是绝路时，最好的办法不是回头，而是再逼自己一把，让自己勇敢地跳下悬崖，也许反而能找到出路。在非洲大草原，生活着很多野生动物，鹿作为食草动物是很温驯的，也成为很多大型食肉动物捕获的猎物之一。每当面对大型食肉动物的追捕，天生跑得快的鹿不会朝着开阔地带跑去，而是朝着怪石嶙峋的悬崖边跑去。等到了悬崖边，它们毅然决然跳下悬崖，也许有些鹿会受伤，甚至摔死，但是大多数鹿都能虎口逃生，因为它们的弹跳能力很好，而且身体轻盈柔韧，所以它们很容易就能踩着悬崖下突出的石头逃生。这就是鹿的求生哲学，也给我们启迪了思路。面对绝境，很多人都想要逃离，却没有想到逼迫自己一把，让自己陷入更大的绝境，同时也让敌人陷入绝境。鹿的聪明之处就在于它跳下悬崖后还有生的机会，而作为大型食肉动物的老虎、狮子等根本不敢跳下悬崖继续追击它们。这样一来，它们无疑于把自己置之死地而后生，当然能够成功逃生，也赢得新的生机。

当身处绝境的时候，与其一味地逃避和恐惧，不如最大限度地再逼迫自己一把。就像如今很多人罹患癌症，除了采取手术的方法治疗之外，还有很多人采取放化疗的方式。也许有人说放化疗对身体损害很大，不但会杀死坏细胞，也会杀死好细胞。实际上，放化疗正是用杀敌一千自损八百的方式企图与癌细胞同归于尽。但是现代医学这么发达，能够很好地控制放化疗的剂量，从而最大限度杀死癌细胞，保留健康细胞。这样等到癌细胞都被杀死后，健康细胞还能恢复活力，重新构建健康的身体，由此达到治愈癌症的目的。朋友们，你们认真地想一想，把自己逼入绝境，是否和治疗癌症的思路相似呢？既然能够拼尽全力去攻克癌症，我们为何不最大限度逼迫自己激发出所有的潜能，在人生中创造奇迹呢？

每个人都应该形成发散性思维，既然条条大路通罗马，那么当此路不通的时候，我们当然要尽最大努力开拓新的道路。民间有句俗话，活人不能被尿憋死，这句话说得很糙，但是却蕴含着道理，正所谓话糙理不糙。面对问题，最重要的是积极地想办法，而不是因为恐惧，采取逃避和抱怨的态度，最终贻误解决问题的最佳时机，也会让自己彻底陷入被动，错失良机。

第 02 章

必须努力，才能获得想要的生活

看到某些人活得那么肆意而又任性时，最重要的不是羡慕，而是让自己通过努力也变得骄傲起来。这是因为生活原本就很艰难，每个人只有拼尽全力去面对，才有可能获得自己想要的生活。一个不努力的人非但没有资格抱怨，更没有资格与他人攀比。虽然爱比较、爱虚荣都是不那么正面的态度，但是很多情况下，这样的比较和虚荣也恰恰能够激励人们更加不顾一切，努力拼搏。

有资本，才能笑对人生

每个人都想快乐而又随性地生活，却不知道潇洒从容在当今社会是最大的奢望。一个人可以决定自己是否努力或者拼尽全力，却无法真正做到自由随性。只有从容淡然面对人生，拥有成功的资本，才能笑对人生、从容面对失败。当然，不可否认的是，现代社会，人们的生活压力越来越大，工作节奏越来越快，每个人都身兼数重压力，绝不能轻松自在。在这种情况下，与其愁眉苦脸，不如选择积极乐观度过人生的每一天，才能不枉费人生，也不虚度人生的美好年华。

佳怡已经30多岁了，是个不折不扣的大龄剩女，也是职场上的“白骨精”。对于佳怡未来的人生，父母总是非常担忧，因为虽然佳怡有很好的工作，也能够拼尽全力去打拼，但是她却没有相爱的人。父母最担心的是等到自己老了，谁还能这样知冷知热地陪伴在佳怡身边呢？父母如今不再操心佳怡的学习或是工作，最大的心愿就是能在有生之年看到佳怡结婚生子。然而，每当父母逼婚的时候，佳怡总是不以为然地说：“爸爸妈妈，不要担心你们的女儿嫁不出去！像我这么优秀的人，不知道有多少男人想追求呢，只不过是我不愿意给他们机会而已！”看着女儿嬉皮笑脸的模样，父母不由得叹息。

作为佳怡的闺蜜，和佳怡同岁但是已经儿女成双的小雅，总是对佳怡说：“佳怡啊，能不能抓点儿紧，我儿子可都能打酱油啦！”佳怡娇嗔：“你呀，还是操心你自己吧，小小年纪看着就像黄脸婆，把最好的青春年华都给了家庭啦！”小雅无奈地说：“你真是投胎错了，你应该生成一个男人，每天累死累活在外面打拼才好！”其实，佳怡并非过于好强，也不是不梦想着收获爱情，只是她实在太优秀了，那些不如她的男人看到她就觉得害怕，而那些和她实力相当的男人，又不愿意找这么强悍的她。就这样，佳怡以职场“白骨精”的身份成为大龄剩女，不知不觉间就已经30多岁了。不过，相比那些已经结婚成家的女性朋友，佳怡的确是非常潇洒的。她有能力让自己衣食无忧，哪怕遭遇困境和坎坷，也能独自面对。她除了工作，经常天南海北四处旅游，走遍了世界的每一个角落。所以当朋友们催促佳怡赶紧恋爱结婚时，却也未免羡慕佳怡的潇洒随性。

作为一名职场“白骨精”，佳怡不但有能力应付生活、做好工作，更有能力照顾自己，所以她才能活得这么洒脱。假如佳怡在面对生活的时候总是疲于奔命，那么可想而知佳怡该有多么难过。人生，总是要有一些优势，这样才能在艰难地面对生活时，找到更多支撑下去的理由。

总而言之，面对人生，每个人都应该有自己的资本，这样才能不断地奋发向上，才能在最需要的情况下，发挥自身的优势，形成自己的力量。不管这资本是哪个方面的，也不管这资本是否会对我们的人生形成积极的力量，都会彻底改变我们的人生，让生命燃起熊熊的希望之火。朋友们，不要觉得沮丧，也不要因为无法把握命运而绝望。只要你愿意努力，你就终将拥有自己的资本，也会获得充实且丰满的人生。

不是选我所爱，而是爱我所选

很多朋友都会通过各种各样的渠道得知，某个朋友又换工作了，某个朋友又跳槽了，并且拼了命地在朋友圈里吐槽，说前老板、前上司和前同事的各种不好。看着他们咬牙切齿的劲头，人们简直要怀疑那些人不是他们曾经合作和相处的同事，而是他们世世代代、不共戴天的仇人。还有些朋友不仅跳槽，更彻底决绝地改行了，并且说自己从未热爱过曾经的工作。看到这里，心明眼亮的人未免释然：难怪他们在工作上的表现那么糟糕，原来他们并不热爱自己的工作，也从未真正全身心投入工作啊！如果一个人不喜欢目前的工作，那么最彻底的解决办法当然是换工作。但是一个人如果只是不那么热爱工作，就总是三心二意想着换工作，则他们一定会陷入深深的苦恼之中，甚至因此在工作上再无出色的表现。这样不但耽误了工作，更是耽误了自己的人生。

如今，大多数单位都有试用期。这是因为试用期是一个双向选择的过程，不但能让用人单位更好地观察新员工的能力素质和水平，也能让新员工适应用人单位，更深入地了解工作的性质和内容，从而决定自己是否留下来继续努力奋斗。如果说一份工作在试用期就惹人生厌，让人根本无法接受，那么毋庸置疑，这份工作即使到了末期，也不会招人喜欢。相反，如果新员工从最初就对这份工作充满热情和激情，那么他一定能够把这份工作做得越来越好，也会在工作上有出色的表现。偏偏有些新员工在试用期内最喜欢做的事情就是勉强自己，哪怕非常不喜欢正在做的工作，也不愿意换，最终又在工作的过程中怨声载道，导致自己郁郁寡欢，工作上平淡无奇。

当然，这么说并非要求每位朋友在试用期内都无所顾忌、频繁地换工作。凡事皆有度，过犹不及，就像人和人相处，唯有真正地打开心扉，与他人不断地磨合和相互适应，才能最终找到理想的相处方式。否则，如果一开始就对与他人的相处心怀疑虑，甚至厌恶他人，不能接纳和宽容他们，那么可想而知这样的相处必然是使人不愉快的。新员工与工作，同样需要相处的过程，而不是在工作上遇到小小的困难就马上放弃，这样只能使自己在工作上陷入困境。归根结底，这个世界没有谁能完全顺心如意地生活，尤其是在职场上，不管是在人际关系方面，还是在对待工作方面，每个人都会遇到各种各样的难题和困境。这种情况下，唯有真正发自内心地接纳外在世界、真心宽容外在世界，才能让一切都更顺遂如意，才能在工作方面有更好的发展和未来。细心的朋友会发现，越是那些对工作挑剔和苛责的人，在面对工作时频繁跳槽，最终反而不知道自己真正适合做什么了。从心理学的角度来说，当人面对更多的选择时，就会因为可供选择的余地太多，最终导致自己不知所措，也导致自己在人生中失去主动性，反而变得迷惘。

聪明的朋友看到这里，一定知道一个人要想在职业生涯中有所发展，就要让自己爱上正在从事的工作。当然，从事自己喜欢的工作是世界上最幸运的事情，但是造化弄人，偏偏很多人必须从事自己不那么喜欢的工作。在这种情况下，明智者一定会调整心态，让自己真正爱上所从事的工作，从而激励自己不断努力，也渐渐地衍生出信心，这样人生才会更加勇往直前，获得勇气和希望。

能够选择和从事自己所爱的工作，固然是人生的幸运，如果不能选择，也应该努力地爱上自己所从事的工作。改变对工作的态度和心情，实际上有一个非常有效的方法，那就是假装爱上工作。曾经有人说过，当心情不好的时候，不如假装高兴起来，这样就会发现自己居然真的变得高兴了。对待工作也是如此，从假装喜欢工作，到最终真正喜欢和爱上工作，得益的一定是自己，而非任何人。

人生的路上，每个人都有很多的不如意，如果一味地抱怨，除了暂时发泄情绪之外，只会让自己的心情越来越糟糕。面对生活的困境和磨难，我们要打起十二分的精神，而不是一味地叹息和哀叹，更不要急于否定自己。尤其是在人生的困境中，当知道前途迷惘，没有出路时，我们更要坚定不移走好属于自己的人生之路，而且要不懈地努力，才能“山穷水尽疑无路，柳暗花明又一村”。每一位职场人士都应该摆正心态，要知道真正从工作中获得的乐趣，并非是每个月的工资条，也不是所谓的升职加薪，而是内心的成长与奔向目标的幸福和满足。现代职场上，很多人之所以无法快乐做好本职工作，就是因为他们对于工作过分急功近利，也缺乏纯粹的目标。唯有把心思更多地集中于工作本身，人生才会更充实，未来也才会更美好、更精彩、更无怨无悔。

美好的未来，只属于努力的人

人人都希望自己的人生是美好的，是充满希望与光明的，却不知道命运尽管对于每个人都是公平的，但是美好的未来却更青睐那些愿意努力的人。对于努力，每个人都有不同的定义，有的人觉得所谓努力就是蜻蜓点水地付出，却不知道唯有不断地奋斗，真正地拼尽全力，人生才有更多的可能性。还有些人觉得所谓努力一定要有外在的有利条件作为支撑和助力，那么试问那些毫无背景的穷苦人家的孩子，又是如何实现人生的价值，创造人生奇迹的呢？难道我们能够因为出身贫寒，即使再怎么努力也达不到那些富二代星二代的起点，因而就不再努力吗？当然不是，现实告诉我们每个人对于努力的理解不同，就连成功对于每个人而言也并非有完全相同的标准。有的时候，成功也不像很多人所想的那样，唯有在更高的起点上才能获得更大的成功，很多出身卑微且没有独特天赋的人，反而在不断的奋斗和努力中，最终成就自我，达到了人生的巅峰，达到了令人瞩目的成就。

在世界上，既没有免费的午餐，也没有一蹴而就的成功，更没有顺遂如意的人生。对于生活在不同层次的人而言，总是有不同的烦恼和忧愁。哪怕一个人从出生起就是富二代星二代，他们也必然有自己的烦恼。就像人人都羡慕明星的光鲜亮丽，吸粉无数，可以穿着漂亮奢华的礼服，但是只有明星自己知道，当粉丝数量庞大，当自己的一切私生活都呈现在他人的目光中，那种感觉也是非常糟糕的。还记得刘德华粉丝的事件吗？粉丝为了见刘德华一面，居然十几年来什么也不干，又因为没有见到刘德华而使父亲绝望地自杀。据说，那段时间刘德华几乎要崩溃，不知道自己到底应该怎么做才能从莫大的阴影中摆脱出来。由此可见，人人都有烦恼，就连刚出生的婴儿都有喜怒哀乐，更何况是成人呢？

任何情况下，都不要妄自菲薄，而要知道人生是漫长的，很多时候也是无助的。我们唯有拥有一颗勇敢的心，坚定不移奋发向上，面对挫折和磨难从容坦然，才能在人生之中拥有更加美好的未来，也才能拥有充实和无怨无悔的人生。

作为一个喜欢唱歌的女孩，刘佳的嗓音曾经被很多人形容为天籁。每当和朋友们去KTV唱歌时，刘佳总是能够如愿以偿博得朋友们热烈的掌声。但是，有一次去唱歌的时候，刘佳却觉得非常伤心，因为有朋友告诉她：“刘佳，我特别喜欢闭着眼睛听你唱歌。”刘佳瞬间知道了朋友的意思，原本得到赞赏、充满光辉的眼神瞬间暗淡了。刘佳暗暗埋怨自己：我为何长得这么胖呢，可惜了我优美的嗓音。

日久天长，刘佳越来越自卑，也把减肥提上了日程，成为人生的当务之急。曾经特别喜欢吃肉的她，把自己每天一顿肉的频率降低到

3天一顿肉，后来更是每周才吃一顿肉，对于主食的摄入，她也严格控制自己。与此同时，刘佳还为自己办了超级贵的健身卡，她想用金钱逼迫自己提升健身卡的利用率，从而让自己更加努力健身，绝不懈怠。一段时间之后，刘佳的体重果然得以减轻，从90公斤变成了80公斤，心中渐渐燃起了希望，也意识到自己还是可以瘦的。

在体重秤上不断往下掉的数字的激励下，刘佳越来越有毅力。出乎刘佳的意料，她居然瘦到了130斤。虽然对于很多骨瘦如柴的美女而言，130斤的体重依然是属于微胖界的，但是刘佳却对自己感到非常满意。为了身体健康考虑，她觉得自己瘦到130斤已经是莫大的成功，为此她调整减肥计划，把自己接下来的目标定为保持体重，塑造体形。刘佳越来越美丽，朋友们都很喜欢和她一起去唱歌，因为听刘佳唱歌简直就是一种享受啊，让人赏心悦目！

人生在每个阶段都会有独特的美丽，也许对于刘佳而言，让自己唱歌的时候变得赏心悦目，就是她此阶段最大的追求。对于人生，人人都奢望得到更多，但有多少人愿意为了人生的成功而付出更多的努力呢？如果不能舍弃一些不必要的负累，如果不能让自己为了美丽而坚持下去，那么我们就没有资格奢求更多。

记住，人生中永远没有一蹴而就的成功，每个人面对成功的人生目标，都要反省自己是否真的已经付出努力。尤其是那些明明已经很胖却依然管不住嘴巴也迈不开双腿的朋友，更要竭尽全力战胜基本的口腹之欲，才能让人生变得从容而美丽。任何时候，面对人生，都不要自欺欺人。唯有迈开脚步在人生的道路上昂首向前，从容面对人生的一切坎坷挫折，才能真正战胜人生，也才能在人生中拥有截然不同的未来和与众不同的希望！

时光荏苒，把握人生

有人说人生是漫长的，因为在难熬的时候，似乎每一分每一秒都过得那么艰难，人生长得一眼看不到头，也看不到前路。也有人说人生是短暂的，短得如同白驹过隙，因为在人生之中，我们似乎还来不及做什么，还没有真正完成自己要做的事情，人生就这样悄然流逝。通常情况下，抱怨人生漫长的人往往是虚度人生的人，也是对于人生没有目标和方向、人生艰难的人。而那些觉得人生如同白驹过隙的人，则是对于人生有理想、有规划，也能为了实现人生目标而不懈努力的人。在人生面前，任何时候都不要觉得人生短暂，也不要抱怨人生没有精彩的未来。你若不伤，岁月无恙，如果你觉得人生难熬，又有什么资格抱怨人生从来不像你所预期的那样呢？

时光荏苒，任何时候，我们都要抓紧每一分每一秒，或用来拼搏奋斗，或用来全心全意享受，这样才能真正地把握人生，也才能在人生中最艰难的时刻，以坚强勇敢的强者姿态度过。在人生的河流中，时光来来往往、川流不息，带来的都是给生命最好的馈赠，哪怕坎坷挫折，也能给予人生更多的经验，也能让人生勇往直前。所以面对人生的困境，绝不要姑息，更不要缴械投降。当你勇敢面对、毅然崛起，你就能够照亮人生前行的道路，也能够让自己成为希望之光。

前几年，《时间都去哪儿了》这首歌红遍了大江南北，无数人在听到这首歌的时候潸然泪下。的确，时间都去哪儿了，为何从满头青丝突然间就变成了苍苍白发，为何从还不谙世事的少年就变成了垂垂暮年。没有任何人能够在时光的流逝中保持容颜不老，也没有任何人能够在人生迟暮的时刻让时光倒流。要想珍惜生命、把握时光，最好的办法就是珍惜人生中的每一分每一秒，这样哪怕到了生命的最后一刻，也绝不会因为曾经的虚度而懊悔。

佛语有云，人生最好的境界是无怨无悔，是拿得起、放得下。现代社会，在忙碌的生活和巨大的压力面前，也曾有人说，人生最高的境界是把每一天都当成生命中的最后一天去度过，这句话很有道理，因为如果我们真的把人生中的每一天都当成生命中的最后一天度过，那么即使真正离开人世也必然是无怨无悔的。由此可见，无怨无悔度过生命中的每一天，对于人生而言是极大的挑战，也是对人生至高无上的要求和标准。然而，真正能够做到这一点的人少之又少，因为太多的人面对生命的无常，都会选择逃避，也根本不知道如何才能彻底解决问题和完善自己。

朋友们，还记得小时候吗？哪怕只是吃一块糖，也会觉得非常开心，因为你的心尝到了甜蜜的味道。如今，随着社会的不断发展，生活水平越来越高，很多人都抱怨再也吃不到小时候那么好吃的食物，诸如香喷喷的猪肉、甜蜜到心里的糖果、鲜美的鱼鲜海鲜等，总而言之，这一切对于现代人而言都是奢望。有人说这是因为如今的食物没有以前那么纯粹了。实际上，更大的原因在人们的心里，因为人心也没有以前那么纯粹了。曾经，人们对于物质的欲望很低，吃到美味的食物都会感到非常满足。如今，人们对于物质的欲望越来越多、越来越高，在这种情况下，哪怕是无数的美食也不能填补人们空白的心灵。所以对于每个人而言，最重要的是填充自己的心灵，而不是抱怨食物已经完全改变了味道。

同样的道理，对于人生，我们也应该不断地适应，与人生磨合，这样才能怀着适当的期许，对人生感到满意和知足。否则，当人生持续衰弱，我们又如何能够支撑起整个人生呢？如果我们把自己原本棱角分明的性格打磨成圆滑的鹅卵石，相信不但身边的人会觉得舒服，我们自身也会感到幸福快乐。既然人生转瞬即逝，我们当然要珍惜好时光，既要宽容他人，也要宽宥自己，这样才能迎来人生更珍贵美好的馈赠！

面对无常的命运，你只能接受

生命无常，虽然人人都把成为生命的主宰作为人生至高无上的追求和目标，但是真正能够把握命运、操控人生的人少之又少。面对反复无常的命运，面对让我们尴尬不已的人生，我们唯一要做的是接受，而不是抱怨或排斥，更不是胆怯与逃避。否则，一旦我们成为命运的俘虏，在命运的捉弄下失去奋斗的方向，那么人生就会变成茫然无边的大海，让人感到无所适从。

也许有些朋友会说，很多时候，命运的确是让人啼笑皆非的。毋庸置疑，捉弄人，冷酷无情，让人啼笑皆非、哭笑不得，这些都是命运的本来面目。既然我们无论如何也无法让命运朝着预期的方向发展，与其以哭丧的脸面对命运，还不如接受命运，从而让命运更加珍惜与我们相识相知的缘分，也更加悦纳我们，善待我们。

有段时间，她简直要崩溃，觉得命运就是一口烧热的大锅，而自己则是在炙热大锅上无所适从的蚂蚁。她小小年纪失去父亲，如今母亲又身患癌症，最重要的是她好不容易才找到一个有才华也颇具经济实力的老公，结果没几年，老公就因为经济犯罪锒铛入狱，而且还身死狱中。她简直要崩溃，不知道如何才能熬过这艰难的时刻，更不知道自己是否能够真的挺住。

结婚后息影的她，为了赚钱给妈妈治病，不得不复出，因为被新人取代，她的片酬很低。在妈妈最后的日子里，她去外地工作，把妈妈也带到外地的医院就医，每天除了拍戏就是去医院照顾妈妈，还要牵挂着千里之外寄宿在私立学校的女儿。这一切都没有压垮她，在她的新戏杀青后第二天，妈妈就去世了。在庆祝会上，她泪流满面地告诉大家："妈妈就等着这一天呢，她一直等到了这一天才撒手人寰，离我而去。"不管遭受命运多少磨难，一切都要继续下去。她擦干眼泪，坚强地笑起来，和同事们一起开庆功会。

对于这个柔弱的女子而言，命运显然给予她太多的磨难。在找到"金龟婿"后，她以为自己此生可以衣食无忧，因此在演艺事业如日中天时选择息影，却没想到老公几年后就因为经济犯罪入狱，而且死在了监狱里。正当她不知道日子该如何过下去的时候，妈妈又患上癌症，这显然给她更沉重的打击，却恰恰让她顾不上沉浸在丈夫去世、衣食无着的悲痛中，而是第一时间就选择复出，挣钱养活女儿和自己，也拼尽全力为妈妈治病。有的时候，使人坚强的不是支持和鼓励，而恰恰是看似绝望的人生境遇。不管什么情况下，我们都不能看轻自己，因为人的潜能是无穷的，每个人唯有最大限度激发自身的潜能，才能在命运的捉弄下勇敢地站起来，让自己成为自身最大的支撑。

人生中真正的强者，不是不管做什么事情都需要他人帮助的人，而是在面对人生的坎坷和挫折时，总是能够坚强面对的人。这个世界上，没有谁能够避免失败和挫折，最重要的在于面对失败和挫折时，一定要坚定不移、勇往直前。一个没有脚的人，当他看到连腿都没有的人时，他如何有资格去抱怨呢？所以，面对没有腿的人，没有脚的人是不能抱怨的。这个世界上，比你幸福的人遍地都是，比你不幸的人也有很多。既然哭着也是一天，笑着也是一天，我们为何不选择笑着度过人生的每一天呢？每个人都唯有努力用心地活着，才能度过生命中最艰难的时刻，迎来生命的柳暗花明和春暖花开。

每个人的心都是一个有限的容器，绝不是无底洞，可以容纳很多的东西。当内心充满负能量，正能量自然会被挤得无处遁形，而当内心充满正能量，同样的道理，负能量也会消失不见。如果一个人的脸上挂满笑容，那么就不会有悲伤的影子；如果一个人的脸上被悲伤占据，那么明媚的笑容就会没有立足之地。朋友们，一定要调整好面部的表情，也要调整好心态，唯有让自己跟得上生命的节奏，才能与生命翩翩起舞、相依相伴。每个人都不知道人生中接下来的一刻将会发生什么，生命无常，我们唯有坚持内心，不忘初心，才能把握生命的脉搏，在人生之中活出独属于自己的精彩和绚烂！

每个人都远远超乎自己的想象

不管你是刚强的男性还是柔媚的女性，都要牢牢记住一点，那就是你远远比自己想象中更坚强、更强大。曾经有心理学家研究发现，每个人的潜能都像是一座隐藏的宝藏，蕴含着丰富而又巨大的能量。既然如此，假如人人都能激发出自身的力量，让自己更加从容坚定，奋勇向前，那么他们就能够改变命运，主宰命运，拥有属于自己的人生。否则，当一个人内心深处先把自己禁锢，觉得自己压根儿没有什么了不起的，甚至妄自菲薄，那么他们又如何能够战胜命运的磨难，从容地应对自己的人生呢？要知道，人生从来不是一帆风顺的，总是会遭遇各种各样的困厄，当在命运的坎坷和挫折面前缴械投降，人们就连自己的未来都会失控。

很多女孩从小就是娇娇女，总觉得自己理所应当遇到困难就退缩，遇到难处就逃跑，或向父母求助，却从未想过自己终有一日也不得不独自面对生活，也要在人生的坎坷与磨难中不断地成长和历练。

所以有人说父母对于孩子最可怕的爱，就是不管什么事情都为孩子代劳，从来不想一想孩子日后如何生活。真正明智的父母，当孩子遭遇困境的时候，绝不会为孩子代劳，更不会帮助孩子解决一切困难，而是会理性地引导孩子，让孩子依靠自己的力量循序渐进地解决问题。唯有如此，孩子将来长大成人之后才能凭着自己的力量取胜，才能在人生的困厄中崛起，绝不轻易屈服。

当然，除了父母对待孩子之外，每个人对待自己也应该怀有同样的态度。人的本能固然是趋利避害，但是对于每个人而言，如果一直处于衣食无忧的状态，所谓温饱思淫欲，人生如同逆水行舟不进则退，日久天长他们生存的能力必然下降，他们的未来也必然会在人生的困厄中彻底陨落。对自己负责任的人不会一味地追求安逸舒适的生活，相反，他们会努力地提升和完善自身的能力，也会抓住一切的可能性历练自己，让自己的人生变得更加充实。这样一来，他们才能在人生之中看到别样的风景，也才能在忙碌的工作之余选择人生的未来，结束人生的困厄。

很多细心的朋友会发现，有些人平日里看起来弱不经风，也根本无法接受任何考验，但是等到人生真正遭遇大的挫折和磨难时，他们反而能够激发出内心的力量，从而做出让人刮目相看的举动。例如当内心犹豫不定时，他们的力量会减弱，而当事到临头无处可逃时，他们反而会逼着自己根据最初的反应做出毅然决然的选择。如此一来，他们真正去做了，而不是在恐惧中退缩，反而能够推动事情不断发展，也能让事情朝着他们既定和预期的方向前进。很多时候，事情其实并没有那么糟糕，之所以看起来陷入困境，是因为人们被自己内心的囚牢禁锢住了。

对于每个人而言，最重要的在于突破内心的囚牢，也在于激发出内心的一切力量和无限潜能。记住，你并不认识自己，正如人们常说的，每个人最大的陌生人就是自己，人生中最大的阻碍力量也来自自己的内心。有人说心态决定一切，其实很有道理，调整好心态，我们就能在人生中无所畏惧，也能够在人生中勇往直前。

要想驾驶命运之舟到达理想的彼岸，我们就要拼命，努力地向前。也许这么做未必能够得到命运的垂青，但是如果不这么做，只会让命运之舟偏离人生的轨道，甚至完全脱轨。所以朋友们，在人生之中，我们时不时地就要逼迫自己，这样才能遇见更好的自己，成就更好的自己，也让自己的人生山穷水尽疑无路，柳暗花明又一村！

第 03 章

拼命努力，别让宝贵的时间空耗

人生非常短暂，如何在短暂的生命历程中，让生命充实而又精彩呢？每个人都想实现人生的理想和愿望，只有更好地把控命运、主宰人生，才能让人生拥有与众不同的发展和未来。虽然人人对人生都充满憧憬，但是实际上，只有努力的人才能得到命运的善待，也才能得到人生的馈赠。

命运，不能只依靠等待

生命之中，很多人寄希望于他人，渴望以他人的努力成就自己，创造人生。就像有人曾经在网络上所说的，男人拼尽全力征服世界，而女人则通过征服男人征服世界。这么说来，女人原来是有征服世界的捷径，然而实际上，不管是女人依靠男人，还是孩子依靠父母，抑或是父母年老体弱之后依靠孩子，都不是长久之计。常言道，靠山山会倒，靠人人会跑。对于每个人而言，在人生中唯有坚持努力，才能改变命运。有些朋友抱怨人生充满坎坷挫折，也抱怨天生没有好运气，殊不知，每个人都有属于自己的命运，在人生中都会有截然不同的表现。有的人天生幸运，含着金汤匙出生，不是星二代就是富二代，有的人却没有这样的好运，出生在贫苦的家庭中，哪怕竭尽全力去努力，也未必能够达到其他人一出生就拥有的高度，更不可能和其他人一样拥有一切。为此，他们感到非常羞愧，甚至彻底放弃努力，不愿意在人生之中继续坚持下去。殊不知，对于人生真正的强者而言，哪怕人生起点很低，他们也不愿意放弃，而是会继续努力，坚持到最后一刻。

每个人在这个世界上，最可靠的依靠就是自己，唯有自己才能带领自己突破人生的困境，冲破人生的极限，从而让自己有好的发展。在这个世界上的每一个地方，人都只能依靠自己生活，也只有靠着自身坚持不懈的精神，才能最大限度发挥自身的能量，创造人生的奇迹。

如今，希尔顿酒店几乎遍布世界各地，成为举世闻名的高档酒店。只要是有经济实力和身份地位的人，出行的时候都会去希尔顿酒店入住。在享受希尔顿酒店星级服务的时候，却很少有人知道希尔顿酒店的缔造神话。如今，世界上之所以有大名鼎鼎的希尔顿酒店就是因为酒店创始人希尔顿坚持不懈、不遗余力地努力。

20岁那年，希尔顿就在几间破旧的茅草屋里开起了家庭旅馆。旅馆开业的时候恰逢圣诞节，所以希尔顿把旅馆作为圣诞礼物送给自己。当时，他就对母亲说一定要集资建造新旅馆，而且要以自己的名字命名。希尔顿还拿出地图，指着地图上的各种地方告诉母亲，一定要让整个国家都遍布自己的旅馆。光阴荏苒，转眼之间，时间流淌过21年，希尔顿已经41岁了。在21年的时间里，希尔顿逐一实现了人生的理想，曾经从几间茅草房开始经营的希尔顿酒店，如今已经成为全球连锁的酒店，而且具有极高的品牌价值。看到希尔顿用21年的时间完成人生的蜕变，很多人当然羡慕，但是他们却不知道，希尔顿为了实现人生理想，曾经多么艰难坎坷，饱经磨难。曾经有段时间，因为受到经济危机的影响，希尔顿在经济上面临前所未有的窘境，希尔顿酒店也门可罗雀，经营惨淡，但是希尔顿从未放弃努力，而是始终竭尽全力节省酒店的开销，和全体员工一起开源节流，为酒店渡过难关而努力。即便如此，希尔顿酒店还是关闭了3家连锁旅馆，幸运的是，在他们的坚持之下，这一切艰难很快渡过，希尔顿也最终成就了人生新的辉煌。

每个人的人生都会遭遇困境，然而，无论现状多么艰难，我们都不应该被困难吓倒，否则就会彻底被困难击垮。最明智的做法是面对困难越挫越勇，这样才能彻底击败困难，也才能在困难中崛起。记住，命运从来不眷顾不会坚持的懦弱者，唯有坚持不懈，人生才能柳暗花明。

不管黑夜多么漫长，黎明总是会如约到来，最重要的在于，我们要以坚持和毅力熬过最艰难的时刻，也以努力彻底改变命运，缔造从容辉煌的人生。希尔顿酒店的发展历史告诉我们，每个人只要努力与坚持就能获得成功，即使作为普通人的人生，也要坚持不懈，努力奋进，才能更加充实，拥有璀璨的未来。

一切的空想，都没有一次实干有效

现实生活中，大多数人都有很多美妙的想法，觉得人生就是瑰丽的，一切美好的设想也能够实现。殊不知，这个世界上没有轻而易举就能获得的成功，在羡慕成功者光环的同时，我们也要意识到，大多数成功者非但没有得到命运的青睐，反而在人生之中遭遇了太多的辛苦与磨难。唯有真正打开人生的绝境，找到人生的通道，才能让人生“山穷水尽疑无路，柳暗花明又一村”。针对空想，很多人乐此不疲，每当夜幕到来他们就躺在床上空想，甚至连手指头都不用动一下，就可以把一切想象得很瑰丽，而一旦到了白天，当太阳升起，他们马上就会被打回原形，面对现实生活，他们最常采取的姿态就逃避和畏缩。

每个人都是群体动物，都需要面对生活，应对工作。曾有心理学家研究发现，大多数人的先天条件其实相差无几，那么为何有的人那么成功，而有的人却总是与失败纠缠呢？原因并不在于他们的先天差异，而在于在面对人生的时候，他们的态度截然不同。大凡成功者，面对失败的态度都是积极主动的，能够成功地突破困境，而有些胆小怯懦者则总是对人生感到无奈和束手无策。在命运的步步紧逼中，他们不断地退缩，最终在人生中陷入困境和绝境，再也无法突破自我。

遗憾的是，在现实生活中，很多年轻人都意识不到这个深刻的道理，他们更愿意把宝贵的时间和精力用来寻找所谓的人生捷径，用来一遍又一遍地对人生展开不切实际的空想，也不愿意展开实干家的精神，真正拼尽全力地去做。毋庸置疑，人生既是漫长的，也是短暂的，尤其是在人生面临很多坎坷境遇时，我们更要坚持付出，才能收获更多。任何时候，都要牢记自己的本心和愿望，这样才能竭尽所能在人生中努力奔跑，把一切美妙的想法都变成人生的顺遂如意和硕果累累。

古往今来，大多数成功者都不是一蹴而就获得成功的，在面对人生的时候，他们总是坚持付出，每天多做一点点，才能积少成多，聚沙成塔，从而量变引起质变，让人生生出翅膀，取得质的飞越。

杜兰特公司的规模特别大，员工众多，人才辈出，可以说杜兰特公司拥有很多优秀杰出的员工，然而在所有人中，杜兰特最欣赏的却是一个叫卡罗德的员工。其实，卡罗德初入公司的时候只是一个名不见经传的小员工，也并没有什么出色和特长之处。他之所以能够得到杜兰特的赏识，成为一家重要分公司的负责人，就是因为他自从加入杜兰特公司之后，始终能够坚持付出。哪怕他能力有限，最初时水平并不高，他也依然能够做好自己该做的事情，每天坚持付出，最终才能通过日积月累，让自己出类拔萃。

举个简单的例子，每到下班的时候，其他同事都已经按点下班，卡罗德却主动留在公司加班。他的任何加班都是切实去做一些事情，而不是敷衍了事。古人云，不积跬步无以至千里，不积小流无以成江海。卡罗德正是通过这样的努力与日积月累，才能在工作中有好的表现和发展。而杜兰特作为公司总裁，也经常需要加班。以前，每到加班的时候，因为同事们都已经下班，所以他不管有什么需要，都要亲自动手，因为根本没人给他打下手。但是，自从卡罗德主动加班，一切都变得不一样了。每当杜兰特有需要的时候，卡罗德就可以给他打下手，正因为如此，杜兰特对卡罗德的印象越来越深刻。可想而知，每个上司都希望员工把工作当成事业去对待，看到对待工作积极认真的卡罗德，杜兰特当然很欣慰，也越来越欣赏卡罗德。

不管是在生活中还是在工作中，每个人都需要变得积极主动，从而才能创造充实精彩的人生。否则，如果对待人生总是采取消极悲观的态度，则不能在人生中不断地崛起和突破自我，他们当然会越来越退步。正所谓生活如同逆水行舟，不进则退，这句话其实是很有道理的。有些朋友总是美其名曰自己要在生活中保持现状，却不知道一个人一旦停止努力，在人生中就会退步。所以真正的聪明人，面对人生的时候从来不会懈怠，而是都坚持努力，永不放弃。

毋庸置疑，成功就是不断积累的过程，每天多做一点点也许无法让人生有质的变化和飞越，却会让我们在人生中得到很多的收获。还记得那些“感动中国”的人物吗？他们之中的大多数并非是因为做了什么惊天动地的大事而得到人们的尊重，而是因为能把不起眼的小事情坚持做下去，且坚持做好。熟悉成功学的朋友都知道，成功学上有一个了不起的定律，那就是付出定律。听起来，带着定律二字似乎高深莫测，简而言之，就是付出才有可能有所收获，而毫不付出，就没有任何收获。古人云，少壮不努力，老大徒伤悲，这句话非常有道理。这个世界上从来没有不劳而获的午餐，也没有一蹴而就的成功，任何人要想在人生中有所收获，就一定要拼尽全力去努力，且要养成每天坚持付出的好习惯，才能让人生积少成多，拥有质的飞跃。

努力，才能成就更好的自己

努力的目的到底是什么？是为了给家人更好的生活，还是让自己拥有金钱名利，抑或是为了实现人生的价值？都不是。努力的目的，就是成就更好的自己。有人说，每个人都是被上帝咬过一口的苹果，这也就注定了世界上没有绝对完美的人。面对人生，面对自身，我们都要非常努力，竭尽全力，才能成就更好的自己，也才能在人生中拥有更好的发展。由此可见，尽管我们已经习惯了在人生中拼尽全力，而且常常把努力的原因归咎于他人，实际上，每个人生命的主体都是自己，在做出一切努力的同时，目的也就是成就自己，缔造自己。

弄清楚努力的原因和根本动力很重要，唯有从内心深处意识到自己才是自身努力最大的受益者，我们才能拒绝盲目的努力，也才不会在人生中因为努力而筋疲力尽的时候怨声载道、抱怨连天。人生是一场没有归途的旅行，很多人在人生中都会倍感吃力和辛苦。在这种情况下，我们只有调整好心态，才能成就自己，也才能让自己在人生中有更好的发展。

每个人，既要拒绝盲目地生活，也要突破生活的条条框框和各种限制，才能让人生更精彩和充实。记住，每个人都是自己在这个世界上唯一的依靠，只有不断地坚持自我、成就人生，才能让自己有杰出的表现。

大学毕业后，叶蓓原本想背起行囊和同学们一起去南方的大城市打工，父母却坚决反对，因为他们不舍得让独生女儿离开家太远，也不放心叶蓓独自生活。就这样，叶蓓服从父母的安排，在大学毕业后回到家乡小县城工作。经过一段时间之后，叶蓓觉得内心很痛苦，因为每天三点一线的生活，让她觉得自己就是在混吃等死。一年多之后，叶蓓终于下定决心辞掉工作，这次她没有告诉父母自己的决定，而是直接去了大城市站稳脚跟之后，才告诉父母自己已经辞职的现实。

毋庸置疑，大城市的生活和工作压力很大，叶蓓几乎每天都在奔波。为了节省房租，她在郊区与别人合租了一间房子，每天早晨5点多就要起床，路上花费两小时，才能在8点半准时达到工作地点。傍晚，虽然公司正常是5点半下班，但是叶蓓到达出租屋总是要8点，这还不算加班的情况。日复一日的辛劳，有的时候叶蓓也难免会质疑自己当初为何辞掉家中安稳的工作，但是她从未因此后悔过。一年过去，叶蓓宛若脱胎换骨。回到家里，父母看到叶蓓不由得大吃一惊："囡囡啊，以前你可是娇娇女，如今看起来真的是长大了。"原来，叶蓓不管什么事情都要依靠父母，现在却能够独当一面。看着女儿精明强干的样子，父母原本因为叶蓓失去工作而懊悔不已，如今却意识到女儿辞掉工作走出家门真的是正确的决定。

人人都渴望获得成功，尤其是年轻人，更是想在人生中有精彩的发展。然而，成功的标准从来不是只有财富一种。对于每个人而言，能够过上自己想要的生活，能够让自己体面而有尊严地活着，这就是最重要的。

记住，每个人努力并不是为了其他任何人，既不是为了孩子，也不是为了父母，更不是为了伴侣或者工作上的伙伴。一个人唯有坚持努力和付出，才能遇见更好的自己，也才能在人生中有出色的表现和精彩的发展。

既然没有伞，就要有一双快腿

人生中，每个人都希望生活顺遂如意，也希望得偿所愿，得到自己想要的一切。然而，现实总是残酷的，很少有人能够如愿以偿实现人生所有的理想和梦想。每个人唯有更加理性，才能给予人生更多的可能性，让人生变得更充实、更从容。

现实生活中，很多人面对生活的不如意，总是满腹抱怨。实际上，命运总是公平的，从来不会刻意亏待某个人。因而面对生活的不如意，唯有消除内心的怨恨和抱怨，才能以平静的心态面对人生，才能戒骄戒躁，扭转局势。与其抱怨人生，不如调整好心态，积极地面对人生。

男孩从小就家境贫穷，父亲母亲都是普通的农民，根本没有多余的钱供养他上学。男孩一边上学，一边帮助父母干活，分担父母生活的压力。就这样磕磕绊绊好不容易考上大学，男孩却没有学费。父亲四处借钱，借遍了所有的亲戚朋友和乡邻，还卖掉了家中的猪牛羊等牲畜，才凑够了男孩的学费。男孩带着父亲借来的钱去学校报到，交完了学费，身上只剩下500元钱。男孩精打细算，不管怎么打算，自己的钱就算每天只吃馒头咸菜，也只能坚持3个月，最后一个月的饭费还没有着落呢！

男孩觉得很发愁，他整整吃了1个月的咸菜，意识到不能再这样下去。为此，他下定决心给自己买了一部手机。他从仅剩的300元里拿出150元为自己买了一部二手手机，又用了10元钱买了一些A4纸和双面胶，然后为自己写了两张广告，贴在校园里的公告区。公告内容如下：提供校园带跑腿服务，校园内每次1元钱，校园外1公里范围内，每次两元钱。没想到，广告才刚刚张贴出去，男孩的电话就响了。就这样，男孩接到了人生中的第一单，飞快地为一个宅在宿舍里玩游戏的校友送去了代买的快餐。此后，随着时间的流逝，男孩的业务越来越繁忙，生意越来越好。一个学期下来，男孩不但成功地为自己挣出了生活费，还给自己挣出了下个学期的饭费！虽然挣到了一些钱，但是男孩却很节俭，他省吃俭用，学期结束时居然积攒出1000元钱，带回家给父母过年的时候买肉吃。拿着男孩给的1000元钱，父亲如丈二和尚摸不着头脑。当男孩把自己如何挣钱的事情告诉父亲，父亲热泪盈眶地说："孩子，虽然命运没有给你一个富裕的家庭，但是却给了你两条飞毛腿。在这个世界上，父母除了给你生命，不能给你更多，你要珍惜人生的好机会，努力地迈开双腿，朝前跑去。"

此后的大学生涯，男孩就是在奔跑中度过的。他不但挣到足够的钱养活自己，挣出学费，而且还积攒了很多钱支援父母，改善父母在农村辛苦的生活。大学毕业后，当其他同学都在四处奔波找工作的时候，男孩却成立了自己的公司。他主要从事校园代购和经销业务，还发展了很多和自己一样的贫穷大学生，既帮助他们挣到学费，也让公司不断发展壮大。

对于每个人而言，命运都是公平的。有些人觉得自己命运坎坷，因而总是抱怨命运不公，殊不知命运从来都是公平的，它哪怕给人关上一扇门，也会再给人打开一扇窗。所以最重要的是在面对命运的时候，我们能够始终怀着积极的心态，才能在人生中开拓新的天地，让人生拥有更充实美好的未来。

既然没有伞，当天空下起雨，我们就要努力奔跑，从而在人生中拥有更多的可能性，创造更多的人生奇迹。无论人生处于怎样的境遇，都要坚持不懈地努力向前，绝不放弃，才能最终开拓人生的绝境，成就人生的奇迹。

第 04 章

越挫越勇，爱迪生也失败过一千次

举世闻名的发明大王爱迪生，为找到合适的材料作为灯丝，尝试了1000多种材料，进行了7000多次实验，最终才成功地发明出电灯，为整个世界带来了光明。而爱迪生之所以能够发明电灯，在科学方面的创造力固然是最重要的，对于失败越战越勇的精神同样不可或缺。现实生活中，很多人都因为遭遇失败而沮丧和绝望，殊不知，人生之中没有真正的绝境，所谓成功，就是比失败尝试更多一次，就是在跌倒之后又一次站起来。所以唯有端正心态，成为人生真正的强者，我们才能最大限度打开心扉，也才能在人生中拥有更成功与美好的未来。

成功就是比失败更多一次尝试

人人都渴望功成名就的人生，人人都希望人生能够顺遂如意，然而，人生从来不是一帆风顺的。正所谓人生不如意十之八九，每个人在人生之中都要遭遇坎坷挫折，也要面对诸多磨难。在这种情况下，如何给予人生更好的结局和未来呢？当然，离不开坚持不懈的努力。很多细心的朋友都曾发现，大凡能够获得成功的人，未必有多么与众不同的天赋，或在才华方面占据多么强的优势，而是因为他们在失败面前能够始终坚持不放弃，知道自己一定要更多一次地在跌倒后站起来，才能让人生拥有更好的未来，也拥有更多的可能性。

很多人都羡慕他人拥有成功的人生，却不知道他人的成功都是在历经艰辛和饱经磨难之后才获得的。这个世界从来没有免费的午餐，也没有一蹴而就的成功。一个人要想获得成功，就一定要努力奋斗，一定要在失败面前坚持不懈，才能距离成功越来越近。成功并没有那么复杂，最简单的成功，就是比失败的次数更多一次，这样人生才能绝处逢生，也才能拥有更好的发展。

大学毕业后，小雅没有和其他同学一样四处找工作，而是选择自主创业。然而，自主创业的道路并不比找到一份好工作简单，甚至难上加难。因为缺乏经验，空有一腔热血，所以小雅虽然非常努力，甚至竭尽全力，却没有顺利拥有事业，反而接连遭遇失败。她没有挣到钱，还赔了很多钱，也把父母给她的本钱全都赔掉了。

小雅遭到失败的打击之后非常沮丧，也不愿意继续努力。她沉沦了一段时间，然而，痛定思痛，她决定坚持下去，也给自己成功的可能性。就这样，小雅利用同学的关系，从银行贷款几万元，精挑细选了一个项目，又开始努力。既然实体生意不好做，小雅决定 转做网络上的生意。因为小雅读大学时就很喜欢计算机，所以她很快在网络上打开局面。她主要销售孩子用的三角巾、肚兜，女性用的发卡等小玩意儿。这些小玩意儿成本低、利润大，随着销量越来越大，小雅决定开办一家工厂专门生产这些东西，不但供给自己的网店销售，而且也批发给其他的网络店铺。就这样，几年过去，小雅的生意越来越好，成为真正的创业者和小老板。

每个人都渴望人生能够获得成功，然而成功从来不是一蹴而就的。在通往成功的每一条道路上，我们都会遭遇各种各样的困境，也会因此而让自己受到局限和禁锢，这就是追求成功所要付出的代价。

没有人能够一蹴而就获得成功，也没有人的人生道路是一帆风顺的。任何情况下，我们都要坦然迎接人生的逆境，越是在遭遇磨难的时候，越是要鼓起勇气勇往直前，才能在人生中乘风破浪，战胜一切挫折磨难，获得胜利。当然，人在遭遇失败的时候都会觉得忐忑不安，殊不知，失败并非是人生的绝境，唯有调整好心态，才能鼓起勇气一直向前，向着人生的巅峰攀登。否则，一旦我们自己都觉得沮丧绝望，甚至因此而放弃希望，又如何能够在人生之中有好的发展呢！

你一无所有，也许会有所突破

人的本能是贪婪的，每个人都有很多的欲望，也对人生有深刻的憧憬。然而，并非所有的欲望都能得到满足，也并非所有的憧憬都有实现的那一天。与此同时，命运只是相对的公平，而不能做到绝对的公平。每个人从出生开始，就拥有截然不同的人生，有的孩子出生在富二代或星二代的家庭，一出生就享受优渥的生活，衣食无忧；而有的人出生在贫穷的家庭，不但缺衣少食，生活条件和质量方面也会差一大截。然而，面对人生看似不平的境遇，我们完全无须抱怨。

民间有句俗话，叫做光脚的不怕穿鞋的，意思是说如果一个人一无所有，反而可以不顾一切、破釜沉舟地去干。而一个人如果拥有太多，则前怕狼后怕虎，这样一来，他们当然不能不顾一切努力去做。记住，人生中从来没有绝境，真正的幸运是你到现在还能一无所有，所以你能最大限度打开人生的新局面，也让自己摆正心态勇敢去拼搏。

每个人在降临人世的时候，都是一张白纸，毫无瑕疵，也没有内容。随着不断的成长，他们才越来越成熟，也拥有更多。然而，凡事有利皆有弊，从辩证唯物主义的观点来看，拥有得多固然更好，拥有得少也恰恰能让人生减少束缚，获得更多的幸福快乐。记住，一个人不是因为拥有更多才幸福，而是因为一无所有，才能获得更多的幸运。

在深山里的寺庙中，有一个老和尚带着3个小徒弟一起生活。一天，老和尚让徒弟们上山砍柴。徒弟们临行前，他给了大徒弟一根拐杖，给了二徒弟一把雨伞，唯独没有给小徒弟任何东西。小徒弟心中愤愤不平，默默地叨咕："我是最小的，为何照顾师哥们，却不照顾我呢？师父可真是偏心眼。"就这样，大徒弟和二徒弟都沾沾自喜地上山了，而小徒弟却愁眉苦脸。

正午时分，天上突然下起大雨，师父挂念着3个徒弟，一直守在寺庙门口等着徒弟们归来。没过多久，大徒弟就鼻青脸肿地回来了。原来，他仗着自己有拐杖，在砍柴的时候走崎岖的山路，导致不停地摔倒。没过多久，二徒弟也回来了。让人惊讶的是，二徒弟虽然有雨伞，却浑身淋得湿透，就像一个水鬼。原来，二徒弟仗着有雨伞，看到下雨也没有去山洞中避雨，而是打着伞冒雨前行。就这样，他的伞被风不止一次掀掉，也因此被淋得如同落汤鸡一般。最后，是小徒弟安然无恙地回来了，他既没有摔跤，也没有淋雨，而是平平安安，还背回来一大捆干燥的柴火。

看到小徒弟的样子，大徒弟和二徒弟都很惊讶。他们纷纷问小徒弟："你为什么既没有摔跤，也没有淋雨呢？"小徒弟笑着说："我没有拐杖，所以走路的时候专门挑选平坦的道路；我也没有雨伞，看到满天乌云，我就赶紧背着柴火去山洞里避雨，下山的时候道路泥泞，我就更加小心。”听了小徒弟的话，大徒弟和二徒弟都恍然大悟：原来，是因为拥有太多，所以也就注定我们会失去更多。

人生之中，每个人都会遭遇各种各样的困境，很多人因为自己拥有得太少，总是怨声载道。殊不知，人生从来不是单行道，正所谓条条大路通罗马，每个人只要处处留心，就能够收获更多。一开始拥有多少并不能决定我们人生的最终状态，就像人们常说的，人生是一场马拉松，输赢并不决定于起跑线。唯有保持淡定从容的心态，始终均匀地发挥出人生的力量，人生才会有所突破，取得质的飞跃。

很多时候，一无所有并非是命运对我们的亏欠，反而是人生的优势。当真正一无所有的时候，我们就能破釜沉舟，以决绝的勇气在人生中奋勇向前。否则，当拥有太多，顾虑也太多的时候，我们又如何能够在人生中取得质的突破，得到超乎寻常的发展呢！

等待人生的人，才是最可悲的

正如马云所说，梦想还是要有的，万一实现了呢！的确，有梦想，朝着梦想努力，哪怕没有实现，也因为已经拼尽全力而了无遗憾。但是如果人生索性没有梦想，还美其名曰即使有了梦想也不可能实现，那么就有些推脱梦想的嫌疑了。对于梦想，我们要始终敞开怀抱去接纳，也要以真心去面对，这样才能排除万难，在实现梦想的人生道路上一往无前。否则，如果总是因为人生陷入空想而等待，这远远是比没有梦想更可悲，也更可怕的。

对于梦想，何时都可以拥有，无论大小也都可以。有人对于梦想存在误解，觉得梦想一定要立志高远，也要在某个特定的时刻树立。殊不知，树立梦想并没有一定的年纪限制，既可以在小时候，也可以在长大成人之后，还可以在年老的时候。梦想从来不会因为年纪的大小而褪色。还有些人羞于说出梦想，试问：一个人如果根本不好意思说出梦想，自己都怕被嘲笑，又如何能够实现梦想呢？正如人们常说，说出来被嘲笑的梦想，才是真正的梦想。所以，我们面对梦想一定要端正心态，才能从容地实现梦想，也才能让梦想之花在人生中绚烂绽放。

任何时候，人生都禁不起等待。年幼的时候，我们不应该以年纪小为由忽视自己的梦想；年老的时候，我们也不应该以人生迟暮为由无视梦想。不管何时出现，梦想都是在最好的时候，也都是在人生中最关键的时刻，所以我们一定要在梦想崭露头角的时候就抓住它，这样人生才会因为梦想而着色，也才能因为梦想而腾飞。

人人都希望拥有完美圆满的人生，殊不知，完美的人生并非凭空获得的，而是经由各种坎坷与挫折的磨难，不断修炼得到的。就像真正的人生强者，并非生而就是人生强者，也是在经历和遭遇生活的各种磨难时，才不断成长和成熟起来的。人人都希望自己拥有更好的人生，人人都希望在人生之中有所收获，也不断成长。然而，人生禁不起等待。人生既是漫长的，也是短暂的，如同白驹过隙般一闪而过。

真正的人生强者，不会因为人生的苦痛就感到无奈，也不会变得束手束脚、无所作为。相反，他们会更加积极主动，迎难而上，从而超越人生的困境，跨越人生的巅峰，也在人生中取得好的发展，做出突出的成就。

勇于承受失败，才能敢于想象成功

从心理学的角度而言，很多人都有成功恐惧症。一直以来，人们以为一个人之所以失败，是因为他们缺乏获得成功的天赋和能力，却不知道大多数人之所以与成功绝缘，总是与失败相随，是因为他们发自内心地恐惧成功。看到这里，相信会有很多朋友觉得纳闷：不是应该人人都渴望获得成功的吗？为何有人会恐惧成功呢？没错，人们的确会恐惧成功，从根本上而言，他们既恐惧没有十足把握获得的成功，也恐惧成功之后给生活带来的改变。在这双重因素的影响下，内心脆弱的人当然会情不自禁恐惧成功，就算是强者，也会因为人生中巨大的改变而倍感煎熬。

人最可悲的是什么呢？是不敢接受失败，也不敢想象成功。所以要想提升和完善自己、拥有真正的成功，我们就要调整好心态，要在失败之中总结经验和教训，也要无所畏惧地迈向成功，不害怕和恐惧成功。从心理的角度而言，要想彻底消除对成功的恐惧，还是应该从根源处入手，即消除内心深处对失败的恐惧，这样才能坦然面对失败，也才能从容迎接成功的到来。

小梦从小就是一个很自卑的人，不管做什么事情，她都犹豫不定，瞻前顾后。尤其是在遭到父母的批评和否定时，她更是自卑，对自己完全失去自信。正是在这样的状态下，小梦度过了痛苦惶惑的童年时光，渐渐地成长，却依然无法摆脱自卑的阴影。

不管做什么事情，小梦都思虑重重。如果说他人的思虑重重是思虑周全，那么小梦的思虑重重，则是因为过度杞人忧天，也因为极其缺乏自信。有段时间，领导觉得小梦在工作上表现不错，有意提拔小梦作为项目负责人，为将来胜任部门主管做准备。别人得到这样千载难逢的好机会，一定会马上抓住，努力表现自己。小梦却不然，她第一时间想到自己如果不能完成领导交代的任务，会导致怎样的后果以及承担怎样的责任。此外，她也害怕自己一旦成为部门主管，就会遭到同事的疏远，陷入复杂的人际关系中。为此，她思来想去，决定向领导请辞，大概意思就是说自己刚刚工作没多久，工作经验有限，只想继续积累工作经验。

理解了小梦所表达的意思，领导觉得很奇怪。但是看到小梦态度坚决，领导还是同意了小梦的请求。此后的3年里，小梦始终是默默无闻的小职员，这是因为领导在被小梦拒绝之后，轻易不敢再器重或提拔小梦了。

毫无疑问，小梦错过了一个千载难逢的好机会。人在职场，大都希望自己能够得到领导的认可和赏识，从而为自己在工作上争取更多的好机会。然而，小梦却反其道而行，看起来她是在拒绝成功，实际上她却是在恐惧失败。她怕自己不能如愿以偿获得成功，也怕自己无法面对人生的失败窘境，所以才会坚决拒绝领导的好意，继续留在普通的岗位上历练自己。

归根结底，没有勇气面对失败，也不能从容面对成功的人，都是缺乏自信甚至是极度自卑的人。在人生的境遇中，他们因为自卑而错失人生的机会，陷入人生的困境之中。在这种情况下，一味地抱怨客观外界显然是不足取的，最重要的是坚持对于人生的信念，这样才能在人生的道路上不断地积累经验，也收获更多。

信念，是获得成功的必备要素

要想获得成功，需要具备很多的要素，正如诸葛亮所说的天时地利人和，也有现代人讲究的智商、情商、财商等各种商。然而，归根结底，要想获得成功，必不可少的就是信念。人生的道路充满坎坷曲折，每个人唯有信念坚定，才能在人生道路上迎难而上、奋勇向前。否则，空有好的想法，等到真正去做的时候，一旦遇到小小的危险和障碍，就马上终止，导致前功尽弃，根本无法获得真正有效的成果。

信念，是人生中最坚定不移的力量，是人生道路上的明灯，也是人内心深处的希望。不管什么时候，也不管面对怎样的糟糕境遇，人们只要拥有信念，就能排除万难，奋勇向前。没有信念的人，就像高楼大厦缺乏钢筋水泥的支撑，很容易坍塌，而信念坚定不移的人，则像是抗震八级的建筑物，哪怕遭遇大的地震，也不会轰然倒塌。

大名鼎鼎的葛林·康宁汉博士，从小遭遇了严重的火灾，导致全身重度烧伤。原本，小小年纪的他每天都会早早到校，赶在老师和同学们到达学校之前，把教室里的取暖炉点燃。然而，一天早晨，等老师和同学们赶到教室的时候，才发现教室里燃烧着熊熊火焰，而他正被困在火焰中无法脱身。等到人们费尽辛苦救出他的时候，他的全身已经重度烧伤。看着他的情况，医生都劝说放弃治疗，认为他活下来的机会渺茫，或者即便能够活下来，也会生存艰难。

出乎所有人的预料，他非常坚强，不但以顽强的意志力和身体上的伤痛做斗争，还在保住性命之后，从最开始的只能在地上爬行，到后来能够站立和自由行走。最终，他不但和其他孩子一样考入了大学，还成为大学的田径选手。不得不说，他以顽强的意志力创造了生命的奇迹，也让人生由此变得与众不同。

如果人生是茫然无边的大海，信念就是人生的灯塔，始终为人生指明方向；如果人生是无边无际的沙漠，信念就是沙漠中的绿洲，带给人们生机与希望。任何时候，信念都是人生中不屈的力量，也是人生永恒的精神源泉所在。信念是人生的马达，为人生提供源源不断的动力，让人生动力十足，勇往直前。

古往今来，很多伟大的成功人士，都是因为拥有信念，才能排除万难，在人生的困境中崛起。越是在艰难的处境中，人们越是需要信念作为支撑，否则在人生逆境之中，一旦信念不够坚定被打垮，就会彻底沉沦下去，一蹶不振。因而朋友们，你们一定要拥有坚定不移的信念，才能把握命运、掌控人生，也才能让人生与众不同。

失败是通往成功的阶梯

心理学家经过研究发现，大多数人其实先天条件相差无几，之所以有的人获得了成功，有的人始终与失败纠缠不休，就是因为他们面临失败的态度截然不同。成功者有着坚韧不拔的毅力和顽强的意志力，所以在面对失败的时候，总是能够从失败中汲取经验和教训，也总是能够向着失败前进。软弱者在面对失败的时候，则不断地向失败妥协，也因为受到失败的打击而一蹶不振。在这种情况下，他们非但无法踩着失败的阶梯前进，而是会被失败打败，导致再也没有在人生中逆袭和扭转局势的机会。

由此可见，要想让失败成为成功的阶梯，最重要的是端正心态。成功并非取决于先天条件，而是取决于每个人内心对待失败的态度。所以要想战胜人生的逆境，要想在人生中赢得更多的可能性和希望，我们就要以成功为阶梯不断向上，最终收获成功。

尼克从出生的时候开始，就是一个与众不同的孩子。他不像大多数孩子那样拥有健全的四肢和健康的身体。他没有四肢，只有一只小小的脚，上面孤零零地长着两根脚指头。面对这样的身体，小时候的尼克还不觉得苦恼，随着不断成长，他越发意识到自己与他人的不同，到了10岁那年，他几次三番尝试着把自己淹死在浴缸里。对于尼克糟糕的身体条件和即将崩溃的心灵，父母始终一如既往地爱着尼克，从来也没有放弃过他。父母想方设法激励和帮助尼克，也告诉尼克要坚强地活下去。

渐渐地，尼克解开心结，不再寻找各种机会自杀，而是能够坦然面对自己的身体条件，也竭尽所能地实现自理。诸如刷牙、洗脸、洗头等日常活动，他都想方设法依靠自身的力量去完成，也最大限度减轻家人照顾他的负担。后来，看到同龄人自由自在地奔跑和成长，尼克又开始感到困惑。最终，他告诉自己：我不能这样懵懂度日，我必须非常努力，才能实现人生的价值。想明白人生的意义所在之后，尼克就开始了不遗余力的努力。他和很多正常的孩子一样努力学习，最终不但考上了大学，还获得了双学位。尼克的事例感动了整个澳大利亚，他也被授予“杰出青年”的光荣称号。也许这个称号对于四肢健全的年轻人而言是相对容易获得的，但是对于尼克而言，恰恰是与命运的一次次博弈，才让他拥有了后来的伟大成就和成功人生。

没有人愿意面对失败，不管这失败是来自先天的身体条件，还是后天的发展和不足。在面对人生的时候，不管命运赐予我们什么，我们都应该竭尽所能去做，拼尽全力去完成人生的理想和任务。唯有怀着绝不屈服的精神，我们才能拼尽全力，也才能在人生的道路上勇往直前。

失败是成功的阶梯，这个世界上并没有一蹴而就的成功，也没有天上掉馅饼的好事。每个人要想在人生中获得成功，就一定要坚持和努力，越是在遭遇失败的时候，越是要坚定从容，想方设法去解决困难。唯有如此，人生才会有更好的发展，未来也才会璀璨辉煌。

黎明前，总有一段特别黑暗的时光

如果你曾经在天降破晓的时候看过天，你就会知道在黎明前，天空会经历一段最深重的黑暗。这是因为在阳光普照之前，在即将到来的光的反衬下，黑暗更甚。其实，不仅黎明到来之前会有浓重的黑暗，人生之中，也经常会经历黎明前的黑暗。例如当人生中遭遇坎坷和挫折的时候，当人生陷入绝境的时候，人们总是心生绝望，觉得自己濒临崩溃的边缘，无法面对未知的人生。

曾有心理学家研究显示，大多数人在人生中都会遭遇各种坎坷挫折，没有人能够顺遂如意，也没有人能够一帆风顺。既然如此，每个人都要调整好心态，以坚定的信念和态度对待人生，才能熬过人生中最艰难坎坷的阶段，迎来人生的曙光。

面对苦难，人人都会觉得万分艰难和煎熬，甚至有些人恨不得想要逃跑。这并非是因为人生苦短，也不是因为命运不公平，而是因为苦难与挫折是每个人都必经的阶段。就像黎明到来之前总有黑暗，人生在迎来契机之前，也要经历漫长的煎熬，经过艰苦卓绝的努力和争取。唯有如此，时光才能不断地流淌，也才能让人生不断地发展，最终获得更多收获，也获得美好的结局。

很多喜欢看小说的朋友，都知道小说家毕淑敏。毕淑敏并非是文人出身，实际上是个武将，她曾经在部队里当兵，也曾经跟随部队进行过艰苦卓绝的生活。毕淑敏工作的地方在西藏的阿里，那里地处高原，环境非常艰苦。

有一天，毕淑敏接到紧急任务，要去野外紧急拉练。毕淑敏背着药箱、手榴弹等，在野外急行军，要在规定的时间里通过120里的急行军。当时天寒地冻、环境恶劣，而且没有充足的水。再加上劳累状态下高原反应加重，毕淑敏觉得自己濒临崩溃，甚至认为生不如死。在路过危险地带的时候，她恨不得跳下悬崖，但是一想到如此鲁莽和不负责任的做法会牵连战友，甚至把身后的战友也带入深渊，为此她又打消了念头。经历过数次想死的念头之后，毕淑敏终于熬到了终点。此时此刻，她犹如死里逃生，这才意识到生命的可贵。

没有人在人生中能够一帆风顺、顺遂如意，在遭遇挫折的时候，我们只有坚持下去，才能最终成功地摆脱厄运的纠缠，也才能在人生中有好的发展。总而言之，当你觉得自己坚持不下去的时候，一定要相信厄运已经疲惫不堪，甚至很快就会放弃对你的纠缠，也会彻底向你缴械投降。这样一来，你当然能够更加从容淡然，不会急功近利地面对人生，因为人生的诸多不如意而歇斯底里。

人生就像打牌，没有人知道自己抓到的将会是好牌还是坏牌。抓到一手好牌当然是幸运的，如果不幸抓到一手坏牌，也不要沮丧绝望。要知道，真正的人生强者并不是抓到好牌春风得意，而是即使抓到坏牌，也能从容不迫、镇定自若，通过精心谋篇布局，把坏牌变成好牌。这才是真正的强者风范，也才能拥有充实精彩的人生。

成功，就是熬到别人都退缩了

对于成功，每个人都有自己的理解和定义，也有各自不同的标准和判断。有人觉得有权有势才是成功，有人觉得功成名就才是成功，有人则觉得所谓成功就是坚持笑都最后，成为那个笑得最美的人。从本质上而言，所谓成功，就是熬到所有人都退缩了，我们却依然能够勇往直前，绝不退缩，也是让人生拥有更加从容充实的未来，给予人生更完美的交代。

灾难不会一直与人生相依相伴，随着人生不断地奋勇向前，随着拥有更多美好的憧憬和渴望，人生会变得更充实，也会变得更无畏。真正勇敢的人生强者，并非是拥有高大威猛的身材，也不是在人生中无所畏惧。真正无所畏惧的人，如同初生婴儿一样无知，而唯有知道自己面临危险，却出于勇敢无畏的心态而奋发向上的人，才具有一颗坚定的心。总而言之，人生从来都是没有回程的旅行，每个人面对人生时都要无怨无悔，才能在人生之中真正地崛起，也才能让自己胜者为王，获得人生的成功。

命运从来不会青睐任何人，一个人要想在人生中获得成功，就一定要坚定不移，越是面对人生的困境，越是能够坦然从容，这样才能熬下去、战胜人生的逆境，从而也不断地超越自我，在人生中取得质的飞越。

人是群居动物，人生之中，几乎每个人都需要与他人相处，也每时每刻都生活在人群之中。尤其是在生活和工作中，必须面对很多困难，与其因为畏惧困难而退缩，不如更好地把握命运的脉搏，从而给予人生更多的充实与收获。

作为同一条街上的服装店铺，思思的生意在很多同样的店铺中并非是最好的。她虽然对于服装有自己独到的理解和欣赏品位，但是她的眼光却不为大多数人所认可。因而，思思尽管有极少数的忠实客户，实际上生意却很惨淡，不能做到红红火火。为此，思思很担忧，不知道自己未来应该怎么办，也不知道自己的生意将会何去何从。

有一段时间，思思变得信心全无，从此前充满热情，积极地经营生意，到后来对生意变得越来越淡漠，也不愿意再把大部分时间和精力花在生意上了。渐渐地，思思甚至产生了放弃做生意的念头。然而，过了一段时间之后，思思突然痛定思痛，意识到不能就这样懵懂地度过人生。她当即改变思路，不再一味地坚持自己的独特眼光和品位，而是尝试着研究大众的欣赏品位，终于让服装店的生意起死回生，经营火爆。而作为思思曾经的竞争对手，有的选择关门大吉，有的选择转行经营其他生意，只有思思剩了下来，也只有思思获得了成功。

所谓胜者为王，也是剩者为王。不管做什么事情，都应该努力坚持下去，只有避免半途而废，才能让自己获得最终的胜利。总而言之，人生从来不是一帆风顺的，也并非是伸出双手就能获得成功的，唯有坚持不懈，不断地奋勇向前，我们才能在人生中有更好的发展和更精彩辉煌的未来。

常言道，笑到最后的人才是笑得最好的人。面对人生的坎坷挫折和艰难境遇，我们唯有怀着积极乐观的精神，才能冲破人生的困境，也才能得到命运的馈赠。记住，不管什么时候，只要能够冲破人生的艰难险阻，我们就能在人生中拥有更大的成就，收获人生中更美好的未来。无论人生现状如何，我们都要从容面对人生，从而把握人生，绝不轻易放弃。

第 05 章

全力以赴，不留退路才能看见出路

人生之中，越是在顺遂如意的境遇中，人们反而越是会遭到命运的唾弃，也无法在人生中拥有想要的人生和未来。在这样的情况下，每个人唯有把自己逼上危崖，甚至让自己身陷绝境，才能激发出自身的所有潜力，也才能为人生找到出路。

前半生不怕麻烦，才能拥有麻烦少的后半生

人生之中，很多人都特别纠结，他们前半生觉得很多事情都很麻烦，如有些女孩从小学习钢琴或舞蹈，学着学着就放弃了，而有些男孩学习跆拳道或武术，学着学着也放弃了。等到终有一日长大成人，看到他人的成功，他们未免感到很羡慕，内心深处也因为自己的不曾坚持而感到遗憾和困惑。殊不知，任何人的成功都不可能轻易获得，唯有在人生中饱经磨难的时候坚持不懈，勇敢地面对人生，才能突破人生的困境，也才能超越自己，给予人生更多的可能性和更充实的未来。

记得之前热播的电视剧《我的前半生》中，罗子君的人生鲜明地分为前半生和后半生，也因为离婚而拉开人生的序幕。不得不说，罗子君真正是前半生过得光鲜亮丽，在走入后半生之时，因为婚姻的变故，她先是感到遗憾和煎熬，后来由此而崛起，彻底改变了命运，也找到了人生的转折点。虽然罗子君最终的结局很好，但是如果她能够把努力的顺序提前，那么她就能在人生中有更好的发展，也能够拥有一生的成功。记住，对于任何人而言，只有前半生不怕麻烦，努力去

做，才能最大限度发掘出人生的潜力，成功地减少后半生的麻烦，让自己的后半生变得更加顺遂如意。

很多喜欢吃黄瓜的人都知道，黄瓜的一头是甜的，一头是苦涩的。有的人喜欢从黄瓜苦的一头开始吃，而大多数人喜欢从黄瓜甜的一头开始吃，这恰恰代表了两种截然不同的人生观点，即有人喜欢先苦后甜，而有人则喜欢先甜后苦。我们无从评价喜欢先甜后苦的人是出于怎样的心态，但是却知道每一个先苦后甜的人都是希望在人生中先付出，然后才能得到更多，收获丰满。从这个角度而言，每个人都不要抱怨命运的安排，也不要抱怨人生中有太多的挫折和磨难，而要知道每个人都是被上帝咬过一口的苹果，人人都有自己的优势和劣势，在人生中也有截然不同的命运。归根结底，人生不会一帆风顺，而是如同逆水行舟，不进则退。在人生的旅途中，人人都要成为掌舵手，才能驾驶命运之舟奋勇向前。

有人说人生苦短，如同白驹过隙般转瞬即逝，也有人说人生是漫长而又难熬的，生命中的挫折和磨难，导致人们不得不面对更多的困境，甚至是绝境。我们要说，人生从来不会平白无故就得到幸福。每个人在人生中如果想有小小的收获，就要努力地付出，坚持不懈，持之以恒，从而才能在人生的逆境中崛起，也才能在人生中有好的发展和未来。

正如人们常说，生命不息，折腾不止。对于人生的意义，很多人将其理解为充满奋斗的精神和活力，始终斗志昂扬地面对人生的一切困厄。既然如此，我们还能在人生开始之初就刻意逃避吗？当然不能。记住，对于人生而言，最美好的姿态就是努力从容，也是绝不放弃。越是在人生中遭遇困境和绝境的时候，我们越是要拥有坚定不移的信念，这样才能不忘初心，最终获得想要的人生。如果在面对人生的困境时，轻而易举就放弃了，那么他很难得到命运的青睐和馈赠，也根本不可能在人生中有好的发展和丰实的收获。

把自己逼入绝境，才能全力以赴找到出路

当一个人置身于悬崖之上时，不管去往何处，他面对的都是人生的出路。因为不管最终的去路在哪里，都远远比他留在此时此刻和此情此景中更好。对于人生强者而言，真正的突破就是超越现状，冲出困境，成就自己。古人云，置之死地而后生。这句话告诉我们，当一个人身处困境而又无力挣脱的时候，与其一味地沉浸于困境之中无法自拔，不如破釜沉舟，不畏惧让自己的情况更差。正如股市在跌入谷底的时候会触底反弹一样，人生中如果遭遇绝境，那么接下来的一切转变都会朝着好的方向。所以真正的人生强者，善于把自己逼入绝境，也很努力地为自己寻找出路。要想找到人生的契机，最好的办法不是与命运抗衡，而是顺势而为，不忌惮把人生的情况变得更糟糕，这样才能让人生一反常态，最终寻找到绝处逢生的好机会。

对于人生的绝境，很多人都存在误解，觉得所谓绝境，就是没有

出路的境遇，也是人生的无可挽回之处。殊不知，真正的绝境往往蕴含着生机，要想突破绝境，最好的方法不是困兽犹斗，最给力的方式也不是盲目地乐观和过好地估计现状。当人生触底，自然会出现反弹的机会，我们也唯有把自己逼入绝境，才能给自己一片没有退路的危崖，从而逼迫自己绝处逢生，寻找出路。

从本质上而言，人生尽管处处都有绝境，却也处处蕴含着生机。对于普通人而言，也许他们只能看到绝境，对于真正的人生强者而言，他们却能够从绝境中发现生机，也给予人生更多的机遇和成功的可能性。记得在动物界，当鹿群遭遇危险的时候，它们非但不在平地上奔跑，反而进入怪石嶙峋的山野，朝着悬崖峭壁逃跑。在悬崖面前，对于后有追兵的绝境，鹿群并没有惊慌失措，反而感到非常欣喜，因为它们意识到生机就在眼前，所以更加竭尽全力地跳跃，在坠入山崖之后又以柔韧的身体灵活地攀岩于山石之上，从而成功地寻找到生机和出路，也从容地摆脱敌人。相比鹿的灵活身体，追击鹿的大型动物却不能随着它们坠入山崖。这样一来，所谓的危崖对于身处绝境的鹿而言就意味着生机，而对于那些实力强大的追兵而言，则是真正的绝境。由此可见，聪明人总是把自己置之死地而后生，让自己在与自身或者他人的博弈中，获得成长，变得更加强大。

人生从来不忌惮更糟糕的情况，面对与人生的博弈，我们既要坚持不放弃，也要不惜把人生逼入更深重的绝境。唯有如此，人生才能更从容，也会因为触底而反弹，从而给人生带来新的生机和希望。

面对人生所谓的困境，有些人也许会感到沮丧失望，真正明智的人却不会对于人生有太多的误解，因为他们知道人生的真相从来都是残酷的，所以他们不会在人生中沉沦，而是会随着人生的起伏给予人生更多成功的可能性。

所谓的危机也恰恰意味着人生的生机和希望所在，每个人唯有鼓起百倍的信心和勇气面对人生，才能在人生中拥有更加充满希望的未来，也才能扬起人生的风帆，驾驶人生的帆船奋勇向前。记住，人生中并没有真正的绝境，越是看似无法逾越的人生绝境，越是意味着生机，意味着人生将会迎来逆袭的机会和崭新的希望。

当然，被动地陷入人生的绝境，与主动地面对人生的绝境，或者心甘情愿把自己置之死地而后生，是截然不同的。要知道，真正的人生强者，总是能够鼓起百倍的信心和勇气，在人生中有杰出的表现和优秀的发展。对于人生的弱者而言，哪怕遭遇小小的挫折，都会使他们彻底沉沦，无法积极勇敢地面对和把握人生。

常言道，人生不如意十之八九。没有任何人的人生是顺遂如意的，也没有任何人的人生能够一往无前，只有成功，没有失败。对于人生而言，失败是常态，成功才是可遇而不可求的。如果我们无法面对失败，也就不可能从容悦纳成功。从心理学的角度而言，不但有人患有失败恐惧症，还有很多人其实发自内心地恐惧成功。他们恐惧成功，一则是他们害怕追求成功而不得；二则是他们害怕真正获得成功之后，人生就必然要面对很多不可避免的改变。唯有从容应对追求成功的过程中可能出现的一切情况，他们才能更加坦然，也才能波澜不惊。所以朋友们，如果你们的人生始终顺遂如意，那么不如给人生一片危崖吧，这样你们就会拥有更多成功的机会，心态也会更加平和淡然。

世界上从未有真正的绝境

这个世界上从来没有真正的绝境，因为真正陷入绝境的并非是客观外界的一切，而是人的内心。从心理学的角度而言，如果一个人总是心怀希望，那么即使外界的一切充满艰难坎坷，他也能找到很多理由相信自己，坚持在人生中点燃一盏心灯，给予人生更多成功的可能。毋庸置疑，在人生之中，很多人都渴望成功，都希望自己的人生是充实而又辉煌的。殊不知，理想总是丰满的，现实总是骨感的，虽然人人对于现实都充满渴望和憧憬，但是现实却那么残酷，从来不让人如愿以偿。在这种情况下，与其一味地抱怨命运，不如坦然打开命运的枷锁，也让自己的心挣脱绝境，得到人生的馈赠。

心理学家经过研究发现，大多数人的天赋相差无几，之所以在发展的过程中相差悬殊，有的人大获成功，而有的人却总是与失败纠缠，归根结底是因为他们对待失败的态度不同。成功者总是怀着积极的心态，哪怕遭遇挫折和磨难，也从不放弃，而失败者总是沮丧绝望，轻而易举就陷入人生的困境之中，犹如一头困兽一般无法自拔。可想而知，在充满自信的自我救赎中，在对人生沮丧绝望的心境中，人们自然变得焦虑不安，也因此而不得不放弃人生，彻底沉沦下去。只有真正的明智者，才能在人生中更加从容坦然，也才能创造属于自己的崭新人生，拥有美好的未来。

很久以前，有个乞丐走投无路，对人生彻底失去希望，想要结束生命。他住在桥洞下，不但身无分文，而且一无所有。他想以上吊的方式自杀，却找不到合适的绳子；他想把自己撞得头破血流而死，却不能忍受疼痛。最终，乞丐决定吞吃桥洞外面的碎玻璃，他暗暗想道：这也许是我能找到的最经济合理且切实可行的自杀方式了。乞丐实在是觉得生不如死，因而马上就去桥洞外面寻找碎玻璃，将其全都吃到肚子里。

乞丐一块又一块地吞咽着玻璃，很快，就吃下去几十块细碎的玻璃。吃完之后，他就安静地躺在地上，等待死亡的降临。出乎他的意料，他并没有像预想的那样肚子疼，第二天在太阳升起的时候又如同往常一样醒来。看着阳光明媚地照在身上，乞丐惊讶极了，暗暗想道：我怎么还没有死呢？我为何这么想死，却得不到死神的眷顾呢？突然之间，他脑中灵光一闪，想到：难道我有特异功能，可以吞咽和消化玻璃吗？从此之后，乞丐改行了，他不再从事老本行四处乞讨，而是成为一名卖艺者，四处展示自己的特异功能。就这样，乞丐不但彻底摆脱了贫穷的局面，而且变得越来越富有，彻底扭转了人生的落魄局面。

对于人生，乞丐显然是走投无路。他觉得自己太贫穷，根本不可能改变命运，因而想到结束生命。但是命运偏偏和他开了个玩笑，在他面对绝境的时候，反而给他送来人生的希望和生机，从而让他对于人生有更好的表现。他依靠自杀时偶然发现的特异功能，彻底改变贫穷的人生面貌，成功地扭转了命运。正是因为如此的契机，才让乞丐发现了生命的契机，也才让乞丐在人生中有了更美好而又成功的未来。

对于心怀希望的人而言，人生从来没有绝境。对于那些已经对人生感到绝望和彻底放弃希望的人而言，命运之神也从未彻底放弃他们。正所谓“有心栽花花不成，无心插柳柳成荫”。不管人生给予的是希望还是绝境，我们都要努力去尝试，竭尽全力改变命运，从而迎来崭新的改变，也让人生成功逆袭，变得截然不同。

努力抓住机会，才能创造人生

很多人抱怨人生缺少机会，也抱怨命运不公。殊不知，命运从来都是公平的，也给予了每个人相同的机会。遗憾的是，有些人能够当机立断抓住机会，而有的人在机会面前却犹豫不决，最终任由机会悄然溜走。这并非是因为他们不想得到人生的机会，而是因为生命中的机会并非以单一的形式出现，有的时候机会显而易见地标榜自己是机会，而有的时候，机会却以各种各样的形式出现，很难被认出来。在这种情况下，我们当然不能抱怨命运总是偏爱某些人，也不能抱怨命运从未给予我们公平的对待，而是要始终坚信，人生之中处处有机会，时时有机会，唯有努力抓住机会，我们才能创造人生，也才能用机会改变命运。

看到这里，相信很多朋友都忍不住反思自己是否在人生中有过错失机会的愚蠢行为。这样的反思一旦进行，人们就会意识到自己的确曾经错失机会，也会因此而懊悔万分。殊不知，机会从来不会从天而降，更不会无数次出现。尤其是那些千载难逢的好机会，总是转瞬即逝，很少以同样的面目在人们面前出现两次。既然如此，我们要想抓住机会，首先需要练就的就是火眼金睛。其次，当机会悄然出现时，我们还要当机立断抓住机会，不要有片刻犹豫，否则机会就会一去不返。记住，你不曾拥有好机会，不是因为你的生命中从未出现过好机会，而是你常常因为犹豫不决而错失机会。正如一首歌里所唱的，该出手时就出手，面对人生的机会，每个人都要信奉这个原则，该出手的时候就勇敢出手，绝不犹豫，更不“心慈手软”。对于人生，总是要有这样的勇气和魄力，才能把握机会，也才能扼住命运的咽喉，成就人生新的高度。

很久以前，有个传教士特别信奉上帝，几乎每天早晨和晚上，都要怀着虔诚的心向着上帝祈祷。传教士相信，只要自己足够诚心，就能让上帝听到自己的声音。为此，他总是寻找各种各样的机会接近上帝，更是希望有朝一日能够见到真正的上帝。

有一次，山洪暴发，肆虐的洪水很快就要淹没村子。政府机关先是派人组织村民疏散，等通知到传教士的时候，传教士却说：“我不走，我要向上帝祈祷，上帝一定会来救我的。”通知的人无奈，只好离开教堂，继续疏散他人。在第一轮疏散结束后，为了避免遗漏，政府派出一艘冲锋舟在村子里巡逻，为了寻找那些还来不及疏散的人。看到冲锋舟上的人，正跪在上帝神像面前祈祷的传教士依然拒绝被救援，而是坚持说："我等着上帝来救我，上帝一定不会抛弃他的子民。"此时此刻，洪水已经淹没了传教士的半身。冲锋舟也走了，又过了一会儿，一架直升机绕着村子上空进行最后一次搜寻。为了躲避洪水，传教士爬上了教堂顶部的十字架上。然而，面对直升机的救援，传教士依然拒绝了。很快，洪水淹没了整个村子，传教士也因此见到了真正的上帝。一见到上帝，传教士就抱怨道："仁慈的主啊，您为何不愿意拯救您的子民呢？"上帝满怀慈爱地看着传教士，说："我的孩子，我先后给了你3次逃生的机会，你都放弃了，我连直升机都派出去了，还能怎么样呢？"传教士说："我以为您会亲自来救我呢！"上帝无奈地摇摇头："你一次又一次错过机会，不是我不救你，实在是你不愿意得到搭救啊！"

在这个事例中，传教士一心一意想要得到上帝的援救，却犯了一个致命的错误，那就是上帝未必会亲自现身去救他，而有可能以各种形式给予他生机。而他呢，正因为无法辨识上帝给他的机会，才会接二连三错过机会，最终失去了宝贵的生命。实际上，上帝正代表着人生中的机会。我们一定要记住，机会是以各种面目在诸多时机随机出现的，所以任何时候都不要对机会视而不见，而是要努力地把握机会，从而才能掌控命运，也才能在人生中有更多的收获和更美好的未来。

记住，人人都有机会改变人生，最重要的在于面对人生要有积极主动的心态，也要有永不放弃的希望和坚定不移的信念。在这个世界上，没有免费的午餐，也不会有天上掉馅饼的好事，更不会有一蹴而就的成功人生。唯有积极地把握命运、操控人生，我们才能成为人生的掌舵手，也才能掌握人生的命运和方向，从容不迫地享受人生。

只要愿意，办法总比困难多

人人都羡慕成功者，觉得成功者之所以能够获得成功，一定是因为拥有得天独厚的条件，或是得到了人生额外的馈赠或是命运的善待和青睐。殊不知，这完全是对成功的误解，成功者非但没有得到命运的善待和青睐，反而在获得成功之前遭遇了比普通人更多的磨难。而他们之所以能够排除万难，获得成功，就是因为哪怕面对再多的坎坷与挫折，他们也从未放弃，更没有因为自身的能力有限就限制和禁锢自己，盲目地否定自己。对于他们而言，只要想解决问题，办法总是比困难多。这也正像一首打油诗里所说的那样，困难像弹簧，你强它就弱，你弱它就强。所以面对困难，我们要表现得比弹簧更加强硬，才能让困难变得像弹簧一样软弱，被彻底征服和战胜。否则，如果我们对于困难始终怀着畏惧和恐惧心理，那么如何能够战胜困难，超越人生的困境呢？

现实生活中，之所以成功者与失败者之间出现严重的两极分化，就是因为他们对待困难的态度截然不同。成功者拥有积极的心态，即使在人生中遭遇困境，也绝不轻易放弃，而失败者对于人生非常被动，哪怕遭遇小小的挫折，也会一蹶不振，在人生中彻底沉沦。可想而知，一个人如果对于人生彻底放弃，让自己的心陷入绝望之中，对于人生既没有规划，也没有希望，那么如何能浴火重生呢？所以说，最重要的在于我们要端正态度，这样才能实现人生的逆袭，彻底扭转命运。

大学毕业后，李亚就与大学校园里的恋人刘峰结婚了，组建了幸福的小家庭。自从儿子降生后，为了支持刘峰的工作，李亚辞掉工作，当起了全职太太。一开始，她还很享受这样的生活，觉得刘峰负责打拼事业，挣钱养家，而她则负责相夫教子，貌美如花。然而随着时间的流逝，李亚渐渐发现自己在家庭生活中失去了地位，甚至还经常被刘峰忽略。每当李亚对此提出反对意见的时候，刘峰总是美其名曰自己工作太忙碌，似乎只要一般出这个借口，就能让全职在家的李亚马上闭口不言，保持缄默。

一开始，李亚的确感到自己没有理由责备刘峰。然而，随着时间的流逝，李亚渐渐意识到刘峰并非那个对家庭付出最多的，自己才是为这个家做出牺牲的人。当全职太太3年多后，随着儿子去上幼儿园，李亚深刻意识到经济基础决定上层建筑的道理。为了让自己在家庭生活中拥有地位，也为了找回失去的尊严和自信，李亚决定开创事业，活出自己的精彩。然而，3年多的时间里没有工作，李亚显然已经和这个社会脱轨了，要想在短时间内顺利融入社会谈何容易！李亚刚开始找工作面临很多难题，虽然她大学所学的专业很好，但是因为没有实际工作经验，又被问起结婚成家有孩子的相关事情，导致李亚夹在求职的洪流中没有任何优势可言。眼看着已经被十几家公司拒绝，李亚意识到问题所在，因而在再次应聘的时候，当即对面试官表示："我虽然有家庭有孩子，但是我不会因为家庭生活影响工作。"当被面试官问起当孩子生病怎么办时，李亚坦然说道："孩子生病不可避免，这也是我作为已婚女性必须面对的问题。当孩子生病的时候，我可以采取弹性工作制，从而保证工作的质量和进度，绝不耽误工作。我相信，只要我真正想要解决问题，就一定能找到办法，渡过难关。"听到李亚没有像很多已婚女性一样信誓旦旦说不管孩子，而是能够理智客观地分析问题，解决问题，面试官感到非常欣慰。就这样，李亚因为不搪塞，成功地打动面试官的心，也如愿以偿获得了好工作。

在这个事例中，李亚之所以能打动面试官，是因为面试官对于已婚已育女性在工作中将会遇到的很多难题了然于胸。面对面试官有针对性的提问，李亚并没有以虚伪的言辞推脱，而是抱着想办法解决问题的态度，给予面试官真诚而又中肯的回答。

现实生活中，人人都会遇到困难，没有谁的人生会是一帆风顺、畅通无阻的。实际上，在人生中遭遇困境，面对难题，是很正常的现象。作为普通人，我们既不是无所不能的神仙，也不是主宰一切的上帝，既然如此，就要调整好心态，坦然面对一切的难题和困境，成功地实现人生的逆袭。

努力做事，让人生有更多可能性

对于人生的失意和失败，人们总是能够找到各种各样的借口和理由。例如，有的人觉得人生就是这样充满坎坷和挫折，失败也便成为人生的常态。还有的人觉得，人生之中一定要坚持不懈战胜困境，持续地付出和努力，才能给予人生更多的可能性。的确如此，对于人生而言，没有做不成的事情，只有不愿意做成事情的人。看到这里，相信很多朋友都会觉得难以理解，也因此而喊冤叫屈：我多么渴望获得成功啊，哪怕有一点点的机会，我都想让人生璀璨辉煌，你们怎么能说我不愿意做成事情呢？的确，每个人都想把事情做成，遗憾的是大多数人只是把这个想法局限于想想而已，真正为了实现这个想法而不懈努力的人，却少之又少。

曾经，一个懵懂无知的年轻人在大学校园里车祸撞人之后说出的那句“我爸是李刚”瞬间爆红网络，让网络上很多人对于这句话纷纷发表意见。有人憎恨这句“我爸是李刚”，憎恨对权力的不当使用让人的心理变得阴暗和扭曲。也有人羡慕这个肇事者的爸爸是李刚，甚至恨不得有个马云当爸爸，那样人生的很多难题都会迎刃而解。实际上，前面的想法当然是情有可原的，后面的想法则让很多人觉得惴惴不安，毕竟在这种扭曲的人生观背后，代表着世界观和价值观的扭曲，也使得整个社会因此而变得面目全非。是怎样的心态，让人们抱怨父母，抱怨自己的出身，宁愿换一个父亲，也要尽可能地走人生的捷径呢？不得不说，这是社会的畸变，也是人生的悲剧。任何情况下，我们唯有更加坦然从容，认真和努力地付出，才能在人生之中收获更多，拥有更多。

很多朋友抱怨自己不是富二代或官二代，总觉得人生就是要拥有外力的衬托，才能获得成功。试问，如果你们知道即使付出再多的努力，奔跑到终点，也未必能够赶得上富二代或官二代的起点，难道就放弃努力了吗？真正明智的人，不会因此而放弃人生，而是加倍努力地对待人生，从而让人生拥有更多的可能性，也距离成功越来越近。

对于人生，很多人都存在误解，觉得人生是被命运主宰的，很多事情即使努力也无法改变。从本质上而言，人生从来不是轻轻松松就能度过的，唯有在人生中更加努力和用功，我们才能在人生路上踟蹰前行，也才能路遇更多美妙的人生风景。记住，人生是一场逆袭，是一次华丽的蜕变，也是绝不屈服的坚强信念。任何情况下，面对人生，每个人唯有持之以恒，勇往直前，才能最大限度打开人生的局面，也才能让人生收获更多、拥有更多。

面对人生中无法面对的困境，很多人会想到退步。殊不知，人生既没有绝境，也是无路可退的。当一个人心中总是想着随时退却，那么他们面对人生就会变得胆怯和懦弱，也会因为人生的残酷，而对人生有太多的抱怨和遗憾。在这样的心态下，人们自然会远离幸福，也会因此而对自己心生失望。真正明智的人，哪怕面对人生的困境，也依然能够谈笑风生，拥有泰山崩顶而色不变的气度。

记住，很多事情并非是不想去做就可以不做的，也不是不努力就能放弃的。人生之中，有太多事情是我们不得不去面对的，也有太多的无奈给人生带来伤害。既然如此，我们就要坚定不移，以努力为镐，为人生开疆拓土，让人生海阔天空。正所谓海阔任鱼跃，天高任鸟飞，不管什么时候，我们都要坚定信念、坚持努力，只有这样才能创造人生的奇迹，也才能拥有充实、伟大的人生。

第 06 章

足够坚持，放弃太快就别妄想成功

成功需要很多要素，所谓的天时、地利、人和是古人提出的成功要素，而时代发展到今日，只有天时、地利、人和是远远不够的，除了这些成功的基本要素之外，为了适应现代社会竞争激烈的需要，还要足够坚持，拥有坚定不移的信念，才能凭着顽强的毅力赢得成功的青睐，也距离成功越来越近。

再挖一锹，你就能找到金矿

很多时候，万水千山走遍，我们才会发现自己一直心心念念、梦寐以求的东西就在身边。为何我们对于自己唾手可得，或者只需要付出小小的努力坚持下去就能获得的一切视而不见呢？并非因为内心不够渴望，而是因为我们在面对成功的时候，一颗心急于求成，迫不及待，导致在付出很多的同时，失去了清醒的头脑，忘却了初心。这就像是一个人开采金矿，也许在开采前期付出了很多，但是在坚持一段时间之后，因为毫无收获就要放弃。却不知道当他人继续开采金矿，只需要再挖一锹，就能成功地挖掘到金矿，成为不折不扣的金主。这样的好运气当然让人羡慕，殊不知，这个金矿原本是应该属于前主人的，只是因为前主人面对开采之后毫无结果的金矿彻底放弃了，所以也便错过了成功。

很多细心的朋友会发现，成功就在人生的转角处。正所谓踏破铁鞋无觅处，得来全不费工夫。除了要拥有对成功的渴望和获得成功的强烈愿望之外，要想获得成功，还要拥有顽强的信念和坚持不懈的毅力。记住，宝剑锋从磨砺出，梅花香自苦寒来，没有人能够随随便便获得成功。每个人要想在人生之中有所收获，就要持之以恒，绝不放弃。哪怕在付出很多仍毫无收获的情况下，哪怕遭遇黎明前的黑暗，看不到人生的希望时，我们也要坚持不懈，从而在下一锨土的时候，发掘出属于自己的人生金矿。

高中毕业后，因为没有考入理想的大学，也因为家境贫穷没有钱复读，小米和小麦这对双胞胎姐妹花决定背起行囊去大城市打拼。可想而知，当她们带着微薄的路费去到大城市的时候，面对车水马龙的陌生城市，心中有多么忐忑不安。为了节省开支，她们不得不住在潮湿阴暗甚至连信号都没有的地下室中。接连半个月，她们都没有找到心仪的工作。虽然饭馆的工作好找，但是小米有野心，她不愿意千里迢迢来到大城市只能当服务员，为此，她选择去一家化妆品公司推销化妆品。尽管没有底薪，而且要整日奔波，但是小米对小麦说："这份工作，能使我看到希望。"看到小米这么说，小麦也怦然心动，原本准备去饭馆当服务员的小麦，也和姐姐一起当起了化妆品推销员。

一个月之后，尽管小米和小麦非常努力，但是她们却连一套化妆品都没有推销出去。小麦不由得万分沮丧，眼看着她们随身带的钱就快用完了，辛苦地奔波了一个月四处推销化妆品，却毫无成效，小麦情绪崩溃地对小米说："我再也不想每天馒头咸菜了，去饭馆里当服务员，至少管吃管住，每天都能吃米饭炒菜呢！"小米劝说小麦："当服务员是吃青春饭，而且学不到任何技术，难道你能一辈子都当服务员吗？再坚持一个月吧，实在不行就放弃，再给自己更多的机会，好不好？”小麦去意已决，不顾姐姐的劝说，当天就背起行囊去了一家饭馆上班。

小麦一开始的确过得比小米好得多，当小米每天四处奔波却颗粒无收，甚至连房租都不知道在何处时，小麦却每天都有吃有喝，而且每个月还有固定的工资可以领取。小麦为此沾沾自喜，也不止一次劝说姐姐投奔自己。每当这时，小米总是说：“再努力一把，一定要再努力一把！”就在小米第若干次说起这句话的时候，她居然成功地推销出去生平第一单化妆品。从此之后，小米此前的积累爆发出来，她几乎每天都在签单，当月所得的薪水，就相当于小麦半年所得。3年过去，小米不但成为化妆品公司的销售主管，事业上风生水起，而且还买房买车，彻底在大城市站稳了脚跟。看到姐姐的今日，小麦很后悔，然而她已经习惯了当餐馆服务员，没过几年就回老家嫁人了。

在这个事例中，小米和小麦是一对双胞胎姐妹，可以说，她们人生的起点是极其相近的。然而，为何原本应该同命相怜的双胞胎姐妹，在去到大城市打拼几年之后，人生就有了翻天覆地的变化呢？这是因为小麦不够坚持，而小米却始终告诉自己再努力一次。正是在这样绝不放弃的精神支撑下，小米才能突破人生的困境，获得伟大的成功。而小麦并非输给了命运，而是输给了自己胆小怯懦的心。

人生之中没有败局，真正的败局，来自人的心底。是因为人彻底失去希望，也在人生中沉沦下去，所以他们才会不知道人生的道路该何去何从。真正的人生强者，是对于人生有着希望的人，是哪怕面对艰难坎坷甚至是绝境也不放弃的人。记住，人生不是用来平顺度过的，正是坎坷和挫折，才让人生越挫越勇，也在磨难中不断地成长和成熟。

梦想，就是说出来被嘲笑的

对于人生的梦想，很多人羞于提起，这并非是因为梦想有高低贵贱之分，而是每个人对待梦想的态度不同。对于梦想，只有极少数人能够端正态度，坦然说起，哪怕梦想遭人嘲笑，他们也能依然怀着坚定不移的信念，努力地想要实现梦想。与他们恰恰相反，有的人哪怕内心深处有梦想，却总是前怕狼后怕虎，不敢轻易把梦想说出来，宣告于人。他们或者害怕遭到嘲笑，或者担心公布了梦想之后却无力实现，因而遭人挖苦和耻笑。殊不知，梦想有很多特性，除了伟大、不被人理解、神奇、难以捉摸、有自身烙印等诸多特性之外，梦想还有一个特性就是说出来被嘲笑。

也许有些朋友会觉得奇怪：梦想难道不是应该被尊重的吗？为何说出来要被人嘲笑呢？实际上，只有说出来被嘲笑的梦想，才是真正的梦想，也只有不切实际的梦想，才有可能成就伟大。所以面对梦想，每个人都要端正心态，唯有发自内心真正接纳自己的梦想，我们才能切实展开行动实现梦想。否则，一个人如果根本不愿意承认和正视自己的梦想，又如何能够实现梦想呢？由此可见，接纳梦想、认可梦想，是实现梦想的前提条件，也是迈向成功的第一步。

8月底，大学就报到了，要对刚刚入学的新生展开军训。虽然军训很苦很累，但充实的日子总是过得飞快，转眼之间，为期一周的军训就要结束了。在给同学们上的最后一节班会上，教官问同学们有什么梦想，并且要求每个同学都上台介绍自己的梦想。因为是师范院校，所以大多数同学的梦想都是与当老师有关的，也有极少数同学的梦想和即将就读的大学与专业没有任何关系。有个男孩走上讲台之后一本正经地说："我的梦想是当村长。"男孩的话音刚落，同学们全都哈哈大笑起来。他们无论如何也想不明白，这位同学想当村长的梦想是如何产生的。在这个同学的介绍下，他们才知道，原来这个同学发现在整个村子里，最大的官就是村长，而他们家里不管有什么为难的事情，都要带着礼物向村长求助。这样一来，他从小就觉得村长是个很大的官，因而也就不难理解他为何想当村长了。不过同学们普遍认为，这个同学未来很有可能当老师，当村长的概率微乎其微。

光阴荏苒，转眼之间，他们毕业已经10年。曾经济济一堂的同学，全都走上工作岗位。在10周年同学聚会上，大家争先恐后说起自己在教学岗位上的杰出表现，唯独这位同学突然宣布："我真的当上村长了！"这句话立马勾起了同学们的回忆，使得他们想起了十几年前，这位同学是如何迫切地说起自己的梦想。同学们马上哈哈大笑起来，还有些男生端起酒杯去向村长敬酒。也许他们觉得当村长远远不如当老师听起来更像知识分子，但是一个人能够实现自己的梦想，从被人嘲笑到受人尊重，就是最大的成功。

每个人都有自己的梦想，敢于说出自己的梦想，一本正经地努力实现自己的梦想，就是人生最大的成功。对于他人的梦想，我们无权评说，因为梦想是最具个性化的东西，每个人都有不同的梦想，每个人也有自己的人生追求。面对人生，我们一定要拼尽全力去努力，不遗余力去实现梦想，才能对人生有完满的交代。

人生中会有很多遗憾，其中不能实现梦想就是最大的遗憾。当然，很多人之所以与梦想完全错过，并非是外界的环境和条件导致的，而是因为他们对于梦想怀着犹豫不定的态度，也总是踟蹰不前，这才使自己错过实现梦想的机会。对于任何人而言，最强大的力量来自自信，对于梦想，我们同样要怀着自信的态度，唯有如此才能不断地在人生中崛起，也才能让人生变得更充实和精彩。

当梦想耽于实现，就变成了空想

梦想家和空想家有什么区别呢？前者受人尊重和仰视，后者受人鄙视和嘲笑。然而，这并非梦想家和空想家本质的区别，只是人们对待他们的不同态度而已。所谓有因才有果，有果皆有因，人们之所以对于梦想家与空想家的态度如此悬殊，实则是因为梦想家与空想家之间尽管只差了一个字，但却有着天壤之别。所谓梦想家，是对人生有理想有规划、有目标有憧憬的人。他们对于人生有着清晰的描画，愿意为了人生坚持不懈地努力，也想在人生之中有所成就，实现人生的价值。最关键的在于，他们不仅对于人生的设想很好，也愿意努力去实现一切美好的想法，从而为人生创造更多的可能性。顾名思义，和梦想家相比，空想家在设想方面丝毫不逊色于梦想家，甚至还会把一切想象得更瑰丽和绚烂。然而，他们对人生的设想和规划却只限于想一想，丝毫不愿意展开切实行动。这样，可想而知他们的一切设想和规划都只耽于想一想，缺乏行动的支撑。这正应了那句话，理想是丰满的，现实是骨感的。要想用现实填充理想，我们就要更加坚决果断，在有了成熟的设想之后马上展开行动，由此才算迈出通往成功的第一步。

细心的朋友会发现，古今中外，大凡成功者，也许天赋并不突出，但是他们无一不具有坚持的决心和毅力，尤其是具有决绝的勇气，能够把理想和人生规划付诸现实。例如爱迪生发明电灯，在有了设想之后马上进行理论验证，然后就是当机立断采取行动，进行了数千次实验，最终成功发明了电灯，给全世界带来了光明。如果爱迪生是一个懒惰的人，那么也许全世界都要晚一些才能进入光明的时代。从心理学的角度而言，人的确是应该有了想法就去做，否则一旦过了当时的心境，也许转瞬之间就会对想法感到厌倦和无聊，也就不会为了实现梦想而努力去拼搏了。总而言之，人生从来不是虚无缥缈的，每一个实实在在的人生背后，梦想或微不足道，或远大且高尚，但是它们的共同点就在于都得到了切实有效的行动支持，而且梦想的主人也在实现梦想的道路上不断前进，绝不放弃。

在大名鼎鼎的美国西点军校，每个人都信奉一条校训，那就是一定要拼尽全力，才能说放弃。何为拼尽全力呢？很多喜欢看好莱坞大片的朋友就会发现影片中的那些主角，无一不具有顽强不屈的毅力，也能够始终坚持不懈，从而才能在很多危急时刻，绝不放弃，成就人生。

任何时候，人一旦有了好的想法，就要当机立断去做。千万不要因为对自己的能力信任不足而陷入犹豫，也不要因为一时的迟疑失去好机会。记住，人生的好时机千载难逢，转瞬即逝。唯有当机立断抓住机会，马上展开行动，才能把金点子变成现实，也才能真正实现人生的梦想。否则，当梦想变成空想，对于人生而言还有什么意义呢！对于一个人而言，如果习惯了梦想耽于空想，就会变得消极被动，也会因此而对人生产生恶劣的影响。简而言之，想到就马上去做，才能给梦想保鲜，给人生注入新鲜的活力和充足的动力。

即使走得再远，也要不忘初心

所谓初心，简而言之，就是一个人最初的梦想，也是他们在人生的旅途中最想要到达的地方和看到的风景。所谓不忘初心，即告诉我们哪怕人生道路漫漫，也不要迷失自我，更不要失去人生的方向。等到人生好不容易走到驿站休憩的时候，回首去望，我们应该能够看到来路，看懂自己人生出发的起点。然而，理想是丰满的，现实是骨感的，真正回头的时候，我们会发现来路已经看不清，去路也已经不那么真切。面对这样的情况，我们难免需要回首，再次想清楚人生的理想和信念，再次弄明白人生想要达到的目的和未来。否则，当不管来路和去路都前途漫漫的时候，我们就会感到迷惘，也会对人生感到疲软无力，因而陷入犹豫不决和彷徨之中。

所谓初心，每个人都应该牢牢记住，哪怕世俗总是让我们迷惘，哪怕心总是因为颠沛流离而不知所踪，人总是要知道自己从何处来，到何处去，才能始终牢记本心，也才能摆脱生活的困顿与烦恼。常言道，人生不如意十之八九，唯有如此，人生才能不断向前，也才能在艰难坎坷的道路上一往无前。

很久以前，有个农民在田地里辛苦地耕耘，也许是因为力气太大，也许是泥土下的石头太坚硬，他的锄头柄突然断了。农民很郁闷，他原计划要在今天把整片田地耕耘一遍，还没到中午呢，锄头柄就断了，该如何完成原定的工作任务呢？想到这里，农民当机立断，决定向邻居借用锄头。

邻居找了半天，才找到一个锄头，但是这个锄头的铁头坏了。看着变成豁牙的锄头，农民心有不甘，说："没关系，我马上去找铁匠。"就这样，农民放下自己断了柄的锄头，拿起邻居豁牙的锄头，来到铁匠铺里。不巧的是，铁匠铺里没有煤炭了，所以没法打铁，更不可能修补锄头。农民二话不说，放下锄头，又去找卖煤炭的人。卖煤炭的人说："原本，我今天可以拉回来一车煤炭，但是不巧的是，我的牛生病了，必须好好休养几天才能恢复体力，拉回煤炭。"听到卖煤炭人说的话，农民又去找兽医，想请兽医治好牛。他急急忙忙带头在前面走着，不时地看看兽医是否跟上了他急匆匆的脚步。此时此刻，心急如焚的他早就忘记了自己的初心，也把自己要在今天耕耘好田地的想法完全抛之脑后了。

看完这个故事，相信很多朋友都会觉得好笑，也觉得这个农民之所以如此被动和仓皇，就是因为完全忘却了初心，才会随着事情的不断发展而让自己越来越被动，甚至手足无措。最终，他虽然忙碌了一天，却没有实现自己的想法。不得不说，对于农民而言，这并不是愉快的一天。遗憾的是，现实生活中，有很多人都和故事中的农民一样，尽管看起来每天都忙碌不堪，却始终无法让生命变得更充实有效。要想拥有卓有成效的人生，就一定要牢牢记住自己的本心，从而才能在人生之中拥有好的发展和未来。

很多时候，人生当然是让人应接不暇的，也是使人手足无措的。人生的状况越是令人担忧，我们就越是要牢记本心，不忘初心，从而才能始终坚持正确的方向，在人生的道路上不断向前，事半功倍。否则，如果人生犯了南辕北辙的错误，我们的一切努力，以及那些有利的条件，都会变得不利，在人生中起到负面的作用和极其恶劣的影响。

要有桑迪亚哥老人的精神

作为世界名著，海明威笔下《老人与海》的故事为很多人所诵读。从这个故事中，人们领悟到桑迪亚哥老人绝不屈服的精神，也认识到桑迪亚哥老人在残酷的现实环境中，始终奋勇向前的勇气、决心和毅力。面对缺衣少食的生存困境，以及接连几个月都打不到鱼的尴尬窘境，桑迪亚哥老人依然坚持出海，仅仅是这份勇气，就让人敬佩。后来，他不顾一切去到深海，想要捕捉大鱼。也许是命运眷顾，的确让他捕捉到一条大鱼，但是厄运也接踵而至。他的小船被大鱼拖着进入深海，很多鲨鱼接踵而至，不停地撕扯大鱼。即使在没有食物与水的情况下，老人也没有放弃这条好不容易才捕到的大鱼，而是与鲨鱼搏斗，哪怕命在旦夕，也绝不屈服。最终，老人历经千难万险带着大鱼仅剩的骨架子回到岸边，渔民都说从来没有人能够捕捉到这么大的鱼。老人精疲力竭，回到家里睡了好几天，甚至连饭都顾不上吃。然而，大鱼的骨架告诉我们，老人尽管年老体弱，精神却如同擎天柱一样屹立不倒，绝不屈服。

现实生活中，每个人都需要如同桑迪亚哥老人一样拥有坚韧不拔的精神，唯有如此，才能面对生活的挫折和磨难，也才能在绝境之中永不屈服，屹立不倒。很多人都有共同的感受，那就是当遭受生活的磨难，被生活困厄的时候，就会发现金钱虽然是人生中必不可少的，却绝不是万能的。尤其是面对大自然的威力，面对无法抗拒的人生困厄，人们更是觉得生活艰难，而且内心困顿。对于每个人而言，对于金钱的渴望是永无止境的，既然如此，我们当然要控制好自己的欲望，不要让自己成为金钱的奴隶，由此才能让生命更趋于简单，也才能让生命回归本质。记住，无论人生给予我们怎样的现状和礼物，只要我们始终保持积极奋进的精神，就能够在生命中找到感动，也能够在人生之中拥有更多，收获更多。

作为著名导演，王小帅凭借电影《闯入者》功成名就，也在导演界崭露头角。如今，再次提起王小帅的大名，很多人都会情不自禁地竖起大拇指，殊不知，王小帅在成名之前，也走过了漫长而又难熬的人生历程。

看过《闯入者》的朋友都知道，《闯入者》并不迎合如今大众的审美趣味，而是一种严肃题材的电影。王小帅为了《闯入者》投入了很多的心血，投资方和发行方也为了这部电影倾注了大量的成本。2015年五一档，众多影院只给《闯入者》排了几场，为此王小帅发表公开信，希望电影市场本着尊重严肃电影的态度，帮助投资方和发行方收回投资。实际上，王小帅在导演《闯入者》之初就曾经预见到《闯入者》不可能大卖，但他是一名负责任的电影人，也是一名坚持初心的电影人。为此，他才坚持自己的本心，不忘自己的初心，一直以来在电影创造行业始终坚持本色，绝不轻易妥协。正因为如此，诸多的电影观众才能在欣赏商业大片疲惫之后，拥有机会去看别样的影视风景。可以说，王小帅不仅仅是在坚持自己，也是在为电影事业坚守。

如果王小帅轻易妥协，改拍商业大片，那么电影爱好者就更少有机会看到严肃题材的电影。不得不说，现代社会是喧嚣的，很多人一味地追求金钱名利，根本没有耐心坚守电影梦想。正是有了王小帅这样的电影导演，电影市场才会始终有一股清流，电影爱好者也才有机会欣赏别样的影片。

人生在世，每个人只有拥有赤子之心，才能不忘初心。记住，一个人可以被打败，但就是不能被打倒。内心的精神力量是每个人人生中最强大的支柱，也是人生中最坚强的力量所在。让我们也向桑迪亚哥老人学习，拥有人生的坚强支撑，让人生始终屹立不倒吧！

简单的事情重复做，就能成功

对于成功，很多人都存在一定的误解，总觉得成功就是要惊天动地，就是要出类拔萃、出人头地，甚至不走寻常路。实际上，这个世界上并没有那么多出类拔萃的人，大多数人都是普普通通的，他们的人生也是平淡无奇的。既然如此，每个人都不应该奢望人生是飞蛾扑火的，而应该以淡然的心态面对人生，也从容地给予人生更多的机会和契机。

对于每一个普通人而言，所谓成功，就是简单的事情重复做，就是数十年如一日的坚持，就是在人生之中奋勇向上，绝不妥协。对于成功与坚持之间的关系，很多人产生了错误的认知，他们误以为那些成功人士是因为从人生中看到希望，所以才能坚持下去，殊不知，成功人士并非因为有希望才坚持，而是因为不断坚持，绝不放弃，才能从绝境走到人生的希望之中，才能在人生中有更多的可能性和更好的收获。

也许有些朋友会质疑，把简单的事情重复做下去，就能获得成功吗？当然。把简单的事情做到极致，事情就会产生出人意料的转化和发展。很多人羡慕他人的成功，也羡慕他人人生中的伟大成就，却不知道一切成功者和伟大的人，非但没有得到命运的青睐，反而遭遇了更多的磨难。正是在与命运不断抗争的过程中，他们才能坚持成长和成熟起来，也真正肩负起人生的责任。

一个大名鼎鼎的推销大师要进行公开演讲，很多人得到消息后，马上赶到会场，等待演讲开始。这是因为他们都想知道这个推销大师到底有何与众不同之处，能在销售行业创造那么多的奇迹，赚取那么多的金钱，收获至高无上的声誉。

演讲的时间到了，只见一个貌不惊人的人缓缓地走上演讲台。看到这个人的模样，台下的很多听众未免觉得失望，因为这个杰出的推销大师并非他们所想的那样拥有三头六臂，而是貌不惊人，看起来特别普通。随着幕布被缓缓拉开，推销大师身后出现了一只大铁球。这只铁球特别大，为了更好地支撑和固定铁球，舞台上的工作人员早早地就支起了一个巨大的铁架子。台下的观众给予了推销大师热烈的掌声，他们渴望从推销大师那里得到更多的推销秘诀，也渴望借助于推销大师的推销技巧成就自己。然而，推销大师一句话也没有说，只是拿起铁球下方放着的一只铁锤子，对着台下说道：“请问哪位观众朋友愿意上来敲击铁球呢？就用我手里的这把锤子。”虽然锤子很大，但是相比起巨大的铁球来，显然还是很微不足道的。观众面面相觑，谁也不相信铁锤居然能撬动铁球。为此，没有任何观众愿意走到台上去。

眼看着自己的邀请无人回应，推销大师开始用铁锤敲击铁球。看上去，他并没有使出所有的力量，而是保持匀速敲击铁球。随着时间的流逝，铁球纹丝不动，观众开始窃窃私语：“锤子这么小，怎么可能敲击动铁球呢？”推销大师依然面无表情地继续敲击铁球，观众渐渐沉不住气，从窃窃私语变成了议论纷纷，还有些人觉得推销大师也不过如此，居然站起身准备离开会场。正当此时，突然有观众发出一声惊呼，观众把目光都转向舞台，这才发现在推销大师坚持的敲击下，铁球居然开始晃动了。准备离开的人停下脚步，目不转睛地盯着舞台。原来，在推销大师持之以恒的努力下，铁球真的开始动了。这时，推销大师对观众说：“看看吧，只要把简单的事情重复做下去，就能创造奇迹，销售工作也是如此。”

的确，把简单的事情重复去做，且坚持做好，日积月累，就能产生质的变化和飞越。对于每个人而言，成功也许需要很多不同的条件，但是成功最重要的在于坚持，只有坚持下去、绝不放弃希望，成功才能水到渠成。

也许有朋友会觉得不以为然，觉得坚持做好简单的事情简直是这个世界上最容易的。殊不知，正如人们常说的，一个人做一件好事很容易，难就难在坚持一辈子做好事。古人云，不积跬步无以至千里，不积小流无以成江海。成功也恰恰如此，只有积累点点滴滴的努力，只有坚持不懈、持之以恒地付出，我们才能得到成功的青睐，也才能最终获得成功，让人生充实而又精彩。记住，坚持是最简单的事情，因为只需要每天付出一点点；但坚持也是最难的事情，因为每天都需要付出一点点。唯有摆正心态，正确面对付出，我们才能坚持不懈，也才能最终取得成功。

不要让放弃成为人生的习惯

有人说，性格决定命运，有人说，习惯决定人生。的确，不管是性格还是习惯，对于人生而言都是至关重要的。每个人既要有好性格，也要有好习惯，才能在人生的道路上坚持付出，也才能在人生之中收获更多。由此可见，对于每个人而言，一旦拥有坏习惯，人生就会陷入被动；如果拥有好习惯，人生就能坚持付出和收获，也会有更好的发展。其实，坏习惯和坏习惯也是不同的，如很多坏习惯不值一提，而有些坏习惯却会给人们的生活带来极大的负面影响。如当放弃成为人生的习惯，那么人生就会陷入被动，也会因为总是求之而不得，而使内心沮丧绝望，无法鼓起信心面对人生。在这样的情况下，我们当然要坚持不懈，从而才能在人生之中勇往直前，也才能让人生拥有与众不同的成就和未来。

很多人都听说过《守株待兔》的故事，那个人一味地守在曾经捡到兔子的地方，却并不能再次捡到兔子。这是因为捡到兔子原本就是小概率事件，这个世界上既没有不劳而获的午餐，也没有一蹴而就的成功，每个人要想收获人生，就一定要坚持付出。常言道，种瓜得瓜，种豆得豆，虽然有的时候种瓜未必得瓜，种豆也未必得豆，甚至付出也未必会有回报。退一步而言，即便付出未必有回报，但是如果不付出，就连收获的可能也没有了。就像很多朋友为了避免失败而束手束脚，完全放弃努力，却不知道当完全避免了失败的可能性，就连成功的可能性也完全失去了。从这个角度而言，我们一定不能害怕失败，唯有迎着失败勇敢向前，绝不放弃，才有可能拥有成功，实现人生的终极目标。

曾有心理学家研究发现，很多人的天赋相差无几，之所以有的人彻底陷入失败之中，有的人却能够获得成功，并非是因为成功者有独特的天赋，而是失败者不敢否定自己，不敢轻易尝试，总是遇到小小的困难就放弃，最终使放弃成为人生的坏习惯，也使得人生总是止步不前。常言道，人生如同逆水行舟，不进则退，这就告诉我们没有人能够在人生中偷懒，从而保持稳定静止的状态。每个人都要坚持进步，才能在人生中保持相对的静止，如果进步的速度不够，跟不上人生前进的速度，他们反而会相对退步，也会导致人生止步不前。

对于任何人来说，人生中的好机遇都是转瞬即逝、千载难逢的。很多人抱怨命运不公，没有给自己好机会，却不知道命运从来都是公平的，命运在给一个人关上一扇门的同时，也会给一个人打开一扇窗。正如人们常说的，这个世界并不缺少美，缺少的只是发现美的眼睛。面对人生一定要瞪大眼睛，才能最大限度发现人生中以各种面貌出现的机会，也才能欣赏人生的美丽与新奇。现实生活中，有些人没有练就火眼金睛，根本不知道机会已经来到了自己的身边，还有的人虽然看到机会来到自己身边，却因为犹豫不决、瞻前顾后，导致错失机会。所以说面对机会，认清楚机会固然重要，能够果断地抓住机会，也是非常重要的。随着时间的不断推移，很多人越来越意识到机会的重要性，却只有极少数人能够破釜沉舟，果断地抓住机会。这对于渴望成功的人而言，当然是致命的，也是会带来严重伤害和打击的。

记住，人生之中，任何时候都不要放弃希望。唯有不断地坚持、努力上进，我们才能改变人生的困境，突破人生的绝境，从而使人生越来越成功，越来越美好。否则，人们一旦习惯了放弃，那么放弃的就不仅仅是一次两次的机会，而是自己的整个人生。当放弃成为人生的习惯，人生也就距失败越来越近。当人生习惯了放弃，又如何能够打起精神来努力奋发向上，绝不错失任何小小的机会呢？记住，每个人的人生都把握在自己手中，只有坚持到底的人，才能真正抓住机遇，赢得人生的成功。

第 07 章

接受挑战，成功才有可能

现代社会，人人都渴望成功，尤其是在激烈的竞争中，几乎人人都打起十二分的精神来应付竞争。然而，被动地应付竞争并不足取，最重要的在于积极主动迎接人生的挑战，这样才能在人生之中占据主动地位，也才能更接近成功。记住，很多时候禁锢人们的并非客观外界，而是人的内心，只要挣脱内心的囚牢，就能在人生中出类拔萃，卓尔不群。

接受挑战，才能拥有明天

挑战，不但考验一个人的勇气，而且考验一个人的能力。正是在不断挑战的过程中，人们不断地努力提升自己，充实和完善自己，才能在人生之中坚持突破和超越自己，持续成就和完善自己。

记住，没有任何人能够毫无阻力、轻松自在地在这个世界上生存，只要活着，每个人都要承受生活的重负，也要肩负起生命的责任。不仅成人要面对压力山大的生活，哪怕是孩子，也要为了不输在起跑线上而不断地努力和奋斗。总而言之，生存本来就是艰难的，唯有坚定不移走好人生之路，哪怕遭遇再多的坎坷挫折也绝不退缩，我们才能在生命之中收获更多，拥有更多。

众所周知，卡内基是举世闻名的钢铁大王，他的钢铁产业之所以能够发展壮大，除了个人的努力之外，也离不开他诸多的得力干将。作为卡内基的左膀右臂之一，施瓦博为卡内基的钢铁行业发展壮大做出了卓越的贡献。

有一次，一位经理愁眉苦脸来向施瓦博告状，说无论自己是以奖励的方式还是以惩罚的方式对待工人，工人们都总是桀骜不驯，无论如何也不愿意挑战自我，完成工作上的任务。听完这位经理的叙述，施瓦博说："既然如此，你为何不想想其他的办法呢？我相信除了奖励和惩罚之外，还有更好的方式能够激发起工人的工作热情。"经理对此无计可施，施瓦博只好亲自上阵解决问题。这一天，他来到生产车间，问一位正在干活的工人："你们今天完成了几台产品？"工人不知道施瓦博的用意何在，老老实实回答："6台。"正当工人等着施瓦博的下文时，施瓦博只是在车间墙上挂着的小黑板写下一个大大的"6"，就扭头离开了。后来，白班的工人下班了，夜班的工人来到车间接班。看到黑板上的"6"，他们议论纷纷，当得知白班的工人完成了6台产品后，他们不免跃跃欲试起来。结果，他们整个夜班片刻也没有休息，而是一直铆足了劲干活，居然完成了7台产品。要知道，在此之前，因为夜班工人黑白颠倒，效率远远没有白班高。在夜班工人下班前，施瓦博再次去到车间，随后擦掉黑板上的"6"，而是在黑板上写了一个大大的"7"。如此循环往复，可想而知，夜班工人和白班工人之间不知不觉就展开了PK。就这样，工人们的工作效率越来越高，即使没有批评和奖励，他们也为了赢得比赛而不遗余力。

在这个事例中，施瓦博之所以不费吹灰之力就激发起工人的工作热情，就是因为他激发起了工人挑战的欲望。工人想通过挑战来战胜自己，也成就自己，证明自己的实力和价值，所以他们才会拼尽全力，最大限度发挥自身的能力，也最大限度创造属于自己的美好未来。

现实生活中，人人都不愿意输掉自己的人生，偏偏人生十有八九都是不如意的，在这种情况下，与其一味地抱怨，不如最大限度激发自身的潜能，让自己放手一搏，拼搏出属于自己的精彩人生。只要做到这一点，哪怕我们最终失败了，也会无怨无悔，没有任何遗憾。对于成功者，大多数人怀着敬仰的态度，却不知道成功者之所以成功，并非是因为得天独厚的条件，而是他们敢于挑战自我，勇于超越自我。挑战不但能够改变我们当下的人生，也能让我们突破自身的极限，勇敢地改变现状，成就未来。

品尝苦酒之后，更珍惜成功的喜悦

这个世界上从来没有一蹴而就的成功，每个人要想获得成功，先要吃足了苦头，才能在拼尽全力之后距离成功越来越近。正如古人所说，只有天时、地利、人和，才能获得成功。由此可见，只有天赋或好运气，都不足以使我们收获成功，唯有具备各种条件，我们才能获得成功的青睐，也才能在成功的过程中拥有更多，收获更多。人生之间有很多的对比，只有先苦过，我们才能品味甘甜，也才能珍惜成功的喜悦。所以在人生中遭遇挫折和磨难之时，千万不要觉得懊恼，而是要清醒命运给予我们如此多的磨难，是让我们苦尽甘来，让我们领悟和品味人生的真谛。

很多人都喜欢刘欢歌唱的《从头再来》，尤其是当生活中遭遇坎坷的时候，一味地沉浸在生活的苦痛中不能自拔，不如勇敢地摆脱痛苦，向前看，让人生更加豪迈，最坏不过是从头再来。否则，在人生中总是畏首畏尾，不能彻底解开心结，放下心头的一切负担，又如何能够把握人生，操控命运呢？尤其是现代社会，大多数人心怀梦想，为了实现梦想而努力地打拼，与其沉浸在懊悔之中不能自拔，与其和人生搏斗却毫无收获，一事无成，不如努力地从头再来，让自己鼓起勇气再次缔造人生的奇迹，这是远远比一切的抱怨都更加强有力的行为表现。记住，一次失败并不能决定人生的成败，有人说年轻就是资本，由此可见年轻人总是可以无数次尝试，最终获得成功。实际上，不仅年轻人拥有很多资本， 哪怕已经垂垂暮年，只要心怀希望，也还是可以获得成功的。例如，摩西奶奶以76岁高龄拿起画笔，最终成为举世闻名的画家，就是因为她心怀希望，不惧怕生命的流逝。由此可见，对于有勇气的人，何时开始都不算晚，哪怕遭遇再多的坎坷挫折，只要心中怀有希望，只要表现出莫大的勇气，人生就是值得期待的，也是值得拼搏和守护的。

1952年初夏的某一天，查德威克准备从卡他林纳岛出发，横渡海峡，游到加州。一旦成功，她将因此而名留青史，成为历史上迄今唯一成功横渡这个海峡的女性。然而，当天浓雾弥漫，视线很差，查德威克心中未免有些担忧起来。原本，海面上就是一望无际，如今却弥漫着浓雾，这让查德威克哪怕穷尽目力，也看不到远方的目标。她已经在冰冷的海水中浸泡很久了，此时此刻，她觉得浑身冷得发抖，也觉得前路漫漫，没有目的。即便如此，她依然坚持努力向前游动，希望自己能够顺利抵达加州的海岸。不知不觉间，15小时过去了，查德威克浑身发抖，嘴唇乌青，更是觉得自己已经筋疲力尽，不知道还要坚持多久才能到达海岸。又坚持了一小会儿之后，查德威克实在无法坚持下去了，让随行的护理船拉她上船。这时，和教练在另一艘船上的母亲赶紧鼓励查德威克，并且告诉查德威克只需要再坚持一会儿，就能到达岸边。然而，查德威克穷尽目力望去，只能看到迷茫的海面，丝毫看不到海岸线的存在。为此，精疲力竭的她只坚持了一小会儿，就坚持上船。

上了随行的护理船，查德威克捧着工作人员递来的热茶暖手，还不等茶凉呢，她就看到了近在眼前的海岸线。她后悔极了，如果当时听从母亲的鼓励，继续向前游去，那么也许此时此刻她已经名留青史了。后来，经过充分的准备，查德威克再次尝试横渡海峡，有了第一次的教训，这次她绝不轻易放弃，最终获得了成功。

查德威克第一次横渡海峡之所以失败，是因为天气状况太差，海岸上浓雾弥漫，所以她穷尽目力也看不到海岸线，最终终止了挑战。在第二次挑战中，查德威克有了第一次的经验，因此哪怕再难，也绝不放弃，所以才能实现理想，成功地青史留名。

现实生活中，每个人都有义务为了实现自己的梦想而不懈努力，在遭遇各种失败和承受各种痛苦的时候，与其一味地沉浸在痛苦之中无法自拔，不如最大限度激发自身的潜能，从而给予自己更多的希望和更值得憧憬的未来。否则，一旦遇到小小的困难就放弃，无论自身有多么强大的天赋，也无论具备多么好的条件，都无法让人生突破困境、冲破迷雾，更无法获得成功。由此可见，人生之所以先有苦涩，后有甜蜜，就是因为人生从来不是一帆风顺的，也是命运让人们更珍惜生命、珍爱生活做出的特殊安排。不管情况多么恶劣，都要再给自己一次机会，都要让自己再一次鼓起勇气，勇往直前。

勇敢的力量超乎寻常

面对人生的苦痛和折磨，有人选择逃避，有人选择勇敢面对。对于人生，唯有坚定不移地勇往直前，才能品味生命的真谛，也才能在人生中感受到更多的幸福与快乐。否则，如果遇到小小的困境先就退缩了，我们又如何能够超越自己、成就自己呢？大文豪鲁迅先生曾经说过，“真的勇士敢于直面惨淡的人生，敢于正视淋漓的鲜血……”我们也要说，真的勇士敢于面对真实的生活，敢于承担起一切的挫折与磨难，还有沉重的责任。不得不说，真的勇士从来不会奢望人生是一帆风顺的，面对生活的诸多不如意和磨难，他们只会默默承受，哪怕已经倾尽全力，也绝不放弃。

对于每个人而言，要想获得成功，固然需要天时、地利、人和，也同样缺少不了勇气。勇气是人生的引航灯，也是人生的希望所在，更是人生一切力量的源泉。如果没有勇气，人很容易被小小的困难打倒；如果没有勇气，人也会迷失方向，在生活的迷雾中变得如同没头苍蝇一样四处乱撞。所以说，一个人可以贫穷，可以胆怯，但是唯独巨大的伤害，也会使原本勇敢的人变得胆小怯懦，畏首畏尾，甚至成为不折不扣的懦夫。

前文说过，要想主宰命运，把握人生，并非是无知无畏的人能够做到的。因为无知无畏的人尽管不会感到害怕，却也同样无法预期危险。真正的勇敢者是能够预估恶劣结果的人，而不是对于结果无知无觉的人。他们明明知道自己将会面对怎样的窘境，却能够杜绝自怨自艾，也能够放开心灵，让自己的内心变得天高地远。这样一来，他们才能保持理智与清醒，也才能在不断努力的过程中锤炼意志，让自己成功地摆脱失败、远离痛苦，拥有乐观积极的人生。

西方国家有句谚语，大概的意思是说只有害怕本身才是最令人感到害怕的事情。害怕是一种超强的毒素，会让人由内心到身体，都被恐惧浸润，不仅影响人的心灵，更影响人的身体健康。极度的恐惧，还会剥夺人的生命，让人彻底失去生存的机会。为了证明害怕的负面影响和力量，心理学家把一只狗关入铁笼中，然后用电棍击打狗。狗想方设法躲避电棍的击打，然而铁笼实在太小了，无论狗怎么躲闪，都无法逃脱被电击的命运。最终，狗彻底认命，不再躲避。后来，心理学家把铁笼扩大，让狗轻轻松松就能躲避到电棍无法击打的角落，但是狗俨然已经被电击的恐惧打倒，意识到哪怕躲闪也无济于事，因而它继续趴在那里，无奈地忍受电击的痛苦。针对狗表现出来的消极行为，心理学家将其定义为习得性无助。其实，不仅在狗的身上，人的身上也会有这样的行为表现。从心理学的角度来说，人们是被内心的恐惧征服了，所以才会完全放弃努力，也觉得努力是毫无用处的。

伟大的成功学大师卡耐基曾经说过，在这个世界上，没有任何人是生而勇敢的，大多数人都会感到不同程度的害羞和胆怯，甚至情不自禁的脸红，这都是他们的心理状态表现出异常。从心理学的角度而言，胆怯的人总是很自卑，他们习惯于活在别人的眼睛和嘴巴里，内心深处顾虑重重，也无法做到客观公正地认知自己。他们缺乏自信，不能完全接纳自己，也因而对外界采取对抗的态度。要想改变这样的心理状态，他们就要克服内心深处的胆怯，让自己经历更多的人和事情，让自己的阅历变得更加丰富和充实。一个人不管是在生活中还是在工作中，都需要独立地面对外界，独立地处理自己的心理问题，从而汲取经验和教训，也让自己步步高升。随着经验越来越多，在面对很多事情时，人们也就自然而然地表现出镇定从容，自然也就会更加远离胆怯了。记住，很多人之所以喜欢与形形色色的人打交道，深入交流，就是因为他们希望从他人的言谈举止和人生阅历中汲取养分，从而让自己越来越勇敢和强大。

朋友们，如果你们不想成为胆小怯懦者，就要从现在开始锻炼自己的胆量，开阔自己的眼界，让自己变得有胆识有魄力，从而突破自我，超越自我，成就自我。如果你们总是沉浸于人生的绝境之中无法自拔，又如何能够拨开人生的迷雾，让人生拥有更从容美好的未来呢！记住，没有人生而顺遂，人生中一切的顺遂如意都是努力的结果，只有变得足够勇敢和坚强，你才有资格迎接美好的人生，也才有资格在人生中尽情享受，收获更多。

看到这个事例，相信很多久居都市的朋友都会深有感触。一则，他们已经厌倦了城市的忙碌生活和巨大的压力；二则，他们却又无法下定决心离开城市。最终，他们不得不无奈地日复一日面对城市的生活，虚度人生。

只要勇敢去做，一切皆有可能，这句话也许尽人皆知，但是真正能够做到这一点的人却少之又少。的确，生命之中有太多不能承受之重，也有太多不可失去的东西。面对生命，我们唯有调整好心态，积极地面对，才能把一切不可能变成可能，也才能把所有的遗憾和失落弥补完善，使其成为完美的现实。总而言之，人生短暂，如同白驹过隙，对于人生中的一切，我们都要从容淡然，宁静以对，才能平心静气享受人生，也才能在人生中拥有更多、实现更多。

延迟行动，梦想只会成为空想

一个人哪怕有再多再好的想法，如果只是局限于想法，而缺乏行动力，那么这些想法最终只能变成空想。对于那些“拖延癌”晚期患者而言，再好的想法也没有实现的可能，在缺乏行动力的行为表现之下，他们只能耽于空想，没有决断力和行动力让梦想变成现实。殊不知，哪怕在思想的道路上走一百步，若不能在行动上迈出真正的一步，那么梦想就是空想，绝无实现的可能。曾经有人说，思想走得再远，也不如切实迈出实现梦想的第一步来得重要，这句话其实是非常有道理的。

西方国家流传着一个冷笑话，意思是说一个人虔诚地信奉上帝，每天都在向上帝祈祷：“仁慈的上帝啊，请让我中大奖吧！”然而，很长时间过去了，他始终没有中大奖，反而变得更加贫穷。渐渐地，这个人的心态变了，再向上帝祈祷的时候，他已经不那么诚心，而是满怀抱怨：“上帝啊，我是这么全心全意地信奉你，但是你从来不愿意倾听我的祈祷，甚至不愿意给我小小的机会中哪怕金额很少的彩票，您这到底是为什么呢？”听到他的抱怨，上帝实在忍不住了，现身说道：“这件事情你根本怪不到我的头上啊，你虽然日日夜夜祈祷中彩票，但是你却从来没有真正去买彩票，我就算想帮你也根本没机会。”听到上帝的指责，他很无语，的确，一直以来除了祈祷，他从未真正去买一张彩票，又让上帝如何帮他呢？

在这个事例中，对于主人公而言，虽然迫切地想要中彩票，但是始终没有真正去买彩票，这直接导致上帝哪怕很想帮助他，也无计可施。现实生活中，很多人都和这个祈祷者一样，每天只顾着徒劳无功地祈祷，却从未想过自己除了祈祷之外，最重要的是去做，这样才能让祈祷生效。否则一味地只顾着祈祷，却不给予成功任何途径，成功就会变得更被动，也更加遥不可及。

毋庸置疑，人人都想获得成功，却不知道对于成功而言，最重要的不是想得太多，而是要积极主动地去做。哪怕真正去做的一步看起来很微小，也远比停留在原地无所作为来得更好。举个最简单的例子，如果一个学生梦想着在下一次考试中成绩有所进步，那么对他而

痛苦是命运赐予人生的礼物

毋庸置疑，在人生之中，人人都希望顺遂如意，而不希望有太多的苦痛。但是造化弄人，命运也常常与人开残酷的玩笑，很多人在面对生命的窘迫时，常常无言以对，更不知道应该如何去做，才能在人生中有所收获，也得到更多。实际上，人生的收获并非只有幸福喜乐，对于大多数人而言，如果能够坦然面对人生的苦痛，将其作为命运赐予人们最伟大的礼物，那么一切就都是让人倍感欣慰的。痛苦是孕育幸福的温床，恰恰是痛苦，让人更加快速地成长。

一位伟大的文学家曾经说过，任何不幸都是人生的过客，只要我们足够坚强，不幸终将会在人生之中落幕，也终将会让人生汲取养分，拥有更丰富的可能性。对于每个人而言，唯有学会接纳和忍受痛苦，甚至是消化痛苦，人生才会更加充实和厚重，成长也才会水到渠成，事半功倍。

在第一波下岗潮中，晓雪就下岗了。作为一名中年女性，已经习惯了在工厂里按部就班地工作，可想而知刚刚下岗的时候晓雪的内心多么痛苦。然而，看着嗷嗷待哺的孩子，看着白发苍苍的老人，晓雪这个柔弱的无依无靠的女性，不得不勉强打起精神，应付残酷的生活。半年后，晓雪的老公也下岗了，这让整个家庭更是雪上加霜。也许当情况坏到不能再坏的时候，一切就都会反弹。果不其然，原本在一家私营企业打扫卫生的晓雪看着整日在家借酒浇愁、颓废沮丧的丈夫，突然间萌生出一个想法：开一个早点铺，这样丈夫的工作问题也解决了，说不定比四处打工收入更高呢！

说干就干，晓雪马上找到街道办事处申请开早点铺的事情。街道办事处看到下岗人员激增，也很发愁，因而大力支持晓雪的想法，还为晓雪申请了优惠政策。就这样，一段时间之后，晓雪的早点铺顺利开张了。晓雪考虑到邻里街坊的都照顾她的生意，因而定价很低，店里的早点味道很好。没过多久，晓雪的早点生意就越来越火爆。她又雇用了一个下岗职工，把生意做得风风火火。若干年后，晓雪已经拥有了属于自己的餐饮公司，回想起最初下岗时的艰难和无助，她感慨地说：“我还要感谢下岗的浪潮呢，如果不是被逼到一定的分上，我也不知道自己还有这么大的潜力，还能做出一番事业。”

的确，如果不是因为下岗，晓雪也许至今还在工厂里当一名普普通通的女工。如果不是因为老公也在半年后下岗，晓雪也许至今依然老实本分地当着清洁工，不可能拥有今日的成就。所以当熬过那些艰难坎坷的时刻，人们就会发现人生之中没有任何一段经历是毫无意义的。只要是有心人，只要足够坚强勇敢，总能冲破人生的逆境，彻底地崛起，也激发出自己所有的潜能，成就自己，缔造属于自己的精彩人生。

弟也没有放弃，最终找到了一份开长途货车的工作。这份工作不需要和很多人打交道，因而也把弟弟的容貌影响降到最低。有一天，弟弟开着货车去送货，突然看到河边站着一个人，貌似有些想不开。弟弟马上停下车，以自己的亲身经历来开导那个人。殊不知，那个人是个大富豪，只是因为生意上遭遇困境，一时想不开才要轻生。看着弟弟丑陋的面容，那个大富豪茅塞顿开：虽然我暂时面临困境，但是和这个容貌尽毁、生存艰难的小伙子相比，我是多么幸运啊！后来，大富豪花费重金，支援弟弟进行整容手术，让弟弟恢复了英俊的容貌，弟弟终于迎来了崭新的人生。

在这个事例中，内心的软弱使得哥哥选择结束生命，弟弟却因为内心的坚强勇敢地活了下来，成功地改变了自身的命运，创造了生命的奇迹。实际上，弟弟并非因为遇到大富豪才能活出精彩的人生，而是因为他心中始终怀有希望，始终拥有力量，所以才能坚定不移朝着人生之路走去，也才能在人生之中拥有更多，创造更多。

身处逆境的时候，只要怀着坚强不屈的心，就能战胜自己、成就人生。若是自己首先放弃了，就会输得很彻底，也会败得无法挽回。战胜自己，是每个人走向成功的第一步，也是每个人在人生中获得胜利的第一步。一个人唯有发自内心地接纳自己，让自己的心灵更加成熟，更加坚定勇敢，才能怀着积极乐观的态度面对人生，解决问题，战胜困境。

感谢一切折磨你的人

一个人如果不曾感受过生命的痛苦与折磨，不曾在人生之中遭遇大的打击和磨难，那么他就不可能成就伟大的事业，也不可能实现人生的蜕变。所以哪怕作为普通人，在面对人生的诸多坎坷境遇时，我们也要把自己当成人生的明星，从而主宰人生、掌控命运。

让人感到困惑的是，命运之神似乎常常与人们开玩笑，导致人生总是伴随着形形色色的不幸与痛楚。尤其是很多意外的打击，更是会接踵而至，使得人们的生活受到极大的影响。在这种情况下，我们应该怎么做，才能最大限度消除人生的痛苦，也让自己的内心更加坚强勇敢呢？不得不说，面对生活的无奈，唯有解决好这个问题，人生才会有更好的发展，也才会更值得期待。

从某个角度而言，历练我们的是那些曾经经历的人和事。尤其是对于那些曾经折磨我们的人，我们更应该怀着感恩之心。正如人们常说的，看一个人的底牌，看他的朋友；看一个人的实力，看他的对手。我们也要说，看一个人的成熟和忍耐，看看曾经折磨过他的人。从某种意义上而言，一个人的成长与成熟，与他所遭受的折磨实际上是成正比的。就像在大自然中，生物要想变得强大，就要不断适应和战胜恶劣的环境，也坚持提升和完善自己，才能让自己变得更坚强从容，也才能让自己成功地逆袭，成为命运的主宰。人类也是如此。在历史进程中，人类不断地发明各种各样的武器，从而把自己武装得更加强大。随着人自身的力量不断增强，武器也不断进步，人类渐渐成为万物的灵长，也成为大自然中最强大有力的主宰。即使时代发展到今日，人与大自然之间的抗争也从未结束。与此同时，人在与身边的环境进行对抗，与那些或强大或软弱的对手博弈。正是在不断遭受折磨的过程中，人的战斗力越来越强，因而能够更好地主宰命运、操控人生。

第一次世界大战期间，潘兴将军因为表现突出而举世闻名，在国际上享有很高的声誉。然而，很多人对于潘兴将军却存在误解，甚至称呼他为“让人闻风丧胆的杰克”。潘兴将军到底有何可怕的地方，让人如此畏惧呢？原来，潘兴将军不但在战场上骁勇善战，而且管理部队非常严格，有着铁腕的手段。当下属犯了错误，潘兴将军向来主张严惩不贷；在战场上，哪怕遇到再强大的敌人，潘兴将军也绝不畏惧，而是勇往直前，积极进攻。正是在潘兴将军的影响下，他的下属巴顿才形成了进攻的风格，也因此而驰名战场。

看到骁勇善战的“进攻狂人”潘兴将军，几乎没人能想到他小时候其实很胆小。因为总是被其他孩子欺负，潘兴不得不在放学的时候绕道而行，躲避其他孩子，即使回到家里，也因为害怕而丝毫不敢向父母求助。有一次，有个孩子狠狠地揍了潘兴一顿，潘兴不但要忍受身体上的痛苦，还要承受其他孩子无情的嘲笑，简直痛不欲生。爸爸看到他鼻青脸肿的样子，当即对他说：“假如你总是被人欺负而毫无还手之力，假如你总是被人嘲笑而无法维护自己的尊严，你就要好好想想办法，而不要像个怂包一样在这里哭泣。其实，我倒是觉得你应该狠狠地揍那个坏小子一顿，也许以后他就再也不敢欺负你了。”在爸爸的建议下，潘兴意识到自己的软弱，从此发愤图强，努力锻炼身体。短短的几个月过去，潘兴就变得越来越强壮，他的拳头也更加有力量。当再次被其他孩子欺负时，他不顾一切狠狠揍了那个孩子，果不其然正如爸爸所说，从此之后几乎所有孩子都对潘兴刮目相看，他们再也不敢随意嘲笑和欺负潘兴了。在一生之中，潘兴始终牢记爸爸当初的教诲，哪怕在战场上遇到强劲的对手，也绝不畏缩和胆怯，而是勇往直前，以铁拳和实力为自己代言，正因为如此，他才能成为让敌人闻风丧胆的大将军。

一个从小胆小怯懦的孩子，只要不断地锻炼和提升自己的胆量，让自己变得身强体壮、精神强大，就能让自己变得更勇敢，也能让自己成为真正的强者。潘兴将军的成长历程就为我们验证了这个事实，也告诉我们在人生道路上一定要勇往直前，绝不畏缩。

很多人都喜欢《阿甘正传》中的阿甘。阿甘因为身体残疾而非常自卑，甚至不敢面对任何人。然而，随着奔跑的速度越来越快，他渐渐建立了自信，也实现了自身的价值，在人生中变得越来越从容。现实生活中，没有人是顺遂如意的，面对那些不能如意的人和事情，唯有摆正心态，积极面对，努力地提升和完善自己，才能超越自我，成就自我。

爱吃苦的孩子，得到命运的眷顾

很多人都羡慕成功者的成功，觉得他们一定是得到了上帝的眷顾，才会有得天独厚的条件，才能那么轻而易举地获得成功。殊不知，成功者非但没有得到上帝的眷顾，反而比普通人吃了更多的苦，也遭受了更多的磨难。正如古人所说，吃得苦中苦，方为人上人，对于每个人而言，只有不怕吃苦，才能得到真正的收获，也享受更多。

细心的朋友会发现，古今中外，几乎所有的成功者都吃了加倍的苦，也是从贫穷和磨难中脱身出来的。而他们之所以没有在苦难中沉沦，就是因为他们拥有坚强的品质，也是因为他们拥有强大的力量。和那些生活平顺、毫无忧虑的人相比，他们对抗挫折和磨难的能力更强，他们也有着更加强烈的欲望想要获得成功。正如一位名人所说，苦难是人生最好的学校，这些成功者也正是因为卓越的品质和顽强的意志力，才能成就绝不屈服的自己，拥有充实而又精彩绝伦的人生。

作为一个黑人，富勒出生在一个穷困的黑人家庭中，小小年纪就开始劳动，努力挣钱养活自己。和大多数同龄人一样，富勒的父母也是佃农，也从很小的时候就开始劳动。为此，在日复一日充满艰辛和磨难的生活中，他们觉得这一切都是命运的安排，是无法摆脱的宿命，为此他们完全认命，根本没有人想要改变命运，主宰人生。

和那些同龄人不同，富勒尽管从小目睹父母的艰辛，品味生活的贫穷，但是他不甘心屈服于命运，这一切都得益于他的母亲不甘心认命，也不愿意永远贫穷下去。母亲告诉富勒，没有人是生而受穷的，还不断地启发富勒勤劳致富的愿望，从而让富勒也渐渐形成致富的观点和意识。经过认真的思考和琢磨，富勒意识到只有经商才能发家致富，为此他从走街串巷推销肥皂开始做起，最终收购了一家肥皂公司，从此彻底扭转了自己的命运。后来，富勒在发家致富的道路上越走越远，最终成为大名鼎鼎的富豪。当被问及是如何获得成功的，富勒说起了母亲的话。的确，上帝总是偏爱能吃苦的孩子，也给予他们更多的机会，但是这一切的前提是这个孩子梦想着致富，也希望自己的人生拥有更多的可能性。

曾经有个富豪在临终之际留下谜语，让人们猜测富人与穷人之间最大的区别在哪里。在他去世之后，人们争先猜测谜底，最终一个女孩成功猜中谜底，那就是相比起富人，穷人最缺少的就是雄心。从某种意义上来说，富勒的母亲所说的发家致富的愿望，就是穷人所缺少的雄心。当母亲成功培养了富勒致富的雄心，富勒也就能够改变命运，缔造人生的奇迹。

现实生活中，很多人羡慕那些富二代，因为他们从一出生开始就拥有高人一等的生活，甚至完全无须努力和费任何力气，就能轻松地享受一切。然而，人生的道路是漫长的，一出生时的顺遂如意，并不能使人永远一帆风顺。对于每个人而言，唯有努力战胜磨难，锤炼自己的意志力，磨炼自己的心性，才能在人生的道路上勇往直前，最终获得成功。越是出身贫苦的人，越是应该直面残酷的命运，越是应该意识到唯有依靠自己才能缔造人生的奇迹。否则，一味地怨声载道非但于事无补，还会让事情更加糟糕，也会使一切事情都朝着与预期完全相反的方法发展。所谓笨鸟先飞，就告诉我们当一出生的条件不够优越，当人生不尽如人意，最重要的就是磨炼自己的品格和意志，也让自己的资产更加充实和丰富，唯有如此，我们才能得到自己想要的一切。

人生转瞬即逝，谁也不该轻易放弃

正如一首歌里所唱的，不经历风雨，怎能见彩虹，没有人能随随便便成功。确实，对于大多数成功者而言，他们并非接受了生命的馈赠，反而比普通人更加饱尝生命的艰辛和磨难。古人云，宝剑锋从磨砺出，梅花香自苦寒来，每个人唯有在生命之中拥有更多的阅历和经验，才能感受生命的美好，尽情享受生命的馈赠。记住，这个世界上没有谁的人生是一帆风顺的，大多数人的人生都要经历坎坷挫折，都要被苦难磨砺。

很多人为了实现心中的梦想，不得不卧薪尝胆。记住，在这个世界上，即使被他人嘲笑，忍受冷嘲热讽，也不要总是犹豫纠结。只有坚强的忍耐，守住生命的美好，才能守得云开见月明，才能摒弃一切苦难，在人生中勇往直前，也才能把生命的露水凝聚成人生中最富有光泽的光环。

很久以前，有一座城市被敌人如同箍铁桶一般严密地围困起来，几乎没有突破的可能。无奈之下，负责守城的将军只好派出一名士兵渡河求援，然而，这名士兵来到渡口之后，却发现原本有渡船的河边此时此刻空荡荡的没有任何船只。原来，因为战火纷飞，船夫全都逃跑了。如何才能顺利渡河呢？士兵守在河边，忧心忡忡，他很清楚是否能够顺利渡河，不但关系到他的生存，也关系到整座城市的存亡。他一时之间想不起如何渡河，又不甘心就这样回头，因而盯着凛冽的寒风守在河边。

到了下半夜，气温更低了，士兵与战马依偎在一起瑟瑟发抖，靠着战马的体温取暖。他祈祷着自己不要死去，就这样苟延残喘活到下半夜。好不容易熬到天亮，士兵看向河里，突然发现寒冷创造了奇迹，为他缔造了一条冰封的道路。士兵赶紧策马过河，成功求援，整座城市都得救了。

如果这名士兵轻而易举就放弃了坚守，而是选择回头，那么也许整座城市都会灭亡，士兵也会失去宝贵的生命。幸运的是，这名士兵不是轻而易举就放弃的人，而是努力坚守到最后一刻，最终创造了奇迹，也拯救了整座城市。不得不说，士兵也拯救了自己。

古今中外，大多数成功人士之所以能获得成功，就是因为他们在面对苦难的时候绝不屈服，而是勇往直前，坚持到最后一刻。很多熟悉历史的人都知道，著名的历史典故《卧薪尝胆》中，越王勾践之所以能够成功地突破自我，一雪前耻，最终灭了吴国，就是因为他在吴国期间始终忍辱负重，不忘初心。在人生发展的道路上，每个人都要坚定不移地朝前走去，哪怕遭遇再多的坎坷挫折也绝不放弃，才能最终成就自己，创造人生的价值和美好的未来。当然，人的本性都是趋利避害的，每个人都想享受，而不愿意艰难跋涉，即便如此，也要坚定不移走好自己选择的人生之路，才能最终到达人生的彼岸。否则，一旦遇到小小的困难就轻易放弃，哪怕有再好的天赋，只怕也经不起生命的磨砺。记住，命运始终把握在我们自己手中，哪怕生命转瞬即逝，我们也必须学会控制自己，这样才能在人生之中拥有更美好的前程和更远大的未来。

拥有自制力，让人生展翅翱翔

常言道，金无足赤，人无完人。对于每个人而言，自己是自己最大的敌人，所以一个人要想征服全世界，首先必须征服自己、战胜自己，把自己打造成真正的强者。很多情况下，一个人必须拥有自制力，能够操控和掌握自己，才能驾驶人生的帆船不断地向前。对于每个人而言，自制力如同汽车的方向盘、巨轮的舵，只有掌握好方向盘和舵，汽车和巨轮才能朝着既定的方向行驶，否则就会偏离既定航向，导致人生不知所踪，甚至使得人生与预期的目的背道而驰。

人的本性都是崇尚自由的，但是在这个世界上，真正的自由和绝对的自由根本不存在。每个人都要接受法律和道德的约束，当生活在小群体之中时，还要接受小群体中其他成员的制约。从这个角度而言，一切自由都是相对的，而真正的自由也是在约束范围内的自由。就像在太空中突然失控一样，每个人如果拥有绝对的自由，也会失控。所以一个人要想把握自己，成为自己的主人，也就必须拥有自控力，才能不断地成熟起来，主宰自己的人生。

作为大名鼎鼎的球员，贝利之所以能够有今日的成就，与他的辛苦与努力是密不可分的。实际上，在足球方面，贝利很小就表现出天赋，也因此在足球发展上才能突飞猛进。记得小时候，贝利与同学展开了一场足球比赛。比赛结束，贝利觉得浑身疲惫，看到同学在抽烟时，他也忍不住和同学要了一根烟，希望能够让自己休息片刻，头脑清醒。贝利不知道的是，此时此刻父亲正站在远处看着他，随着他口中的烟雾袅袅升起，父亲不由得黯然神伤。

晚饭之后，父亲语重心长地问贝利："贝利，你很喜欢抽烟吗？"贝利低下头，满面羞愧。父亲继续说："如果你喜欢抽烟，我可以给你钱买烟，但是你不要和别人讨要烟。我要告诉你的是，如果你继续抽烟，只怕你的肺部会受到损害，以后踢球时就没有那么强大的力量了。你是喜欢抽烟，还是想要成为球星呢？"听了父亲的话，贝利忍不住啜泣起来。这时，父亲从口袋里拿出一叠钱递给贝利，说："你可以选择用这些钱去买个好些的球，也可以买烟，这是你的权利。"贝利抬起头，眼睛里含着泪水看着父亲，说："爸爸，我保证以后再也不抽烟了，我一定要成为球星。"从此之后，贝利果然再也没有抽烟，他每天都挥汗如雨地刻苦锻炼自己的球技，最终成为一名优秀的球员。

很多年轻人都喜欢抽烟，他们却不知道抽烟对身体的危害，或者他们之中有些人哪怕知道抽烟有害健康，也依然无法控制自己的口腹之欲。在这种情况下，一定要拥有超强的自制力，管好自己的嘴巴，战胜自身的弱点，才能让自己从平凡变得伟大，也才能让自己与众不同，出类拔萃。

古今中外，大凡有成就的人都有超强的自制力，也可以说必须循序渐进才能形成自制力。要知道，没有人生而就拥有自制力，必须渐渐地才能产生自制力，必须不断历练自己，才能让自制力越来越强。否则，当人们一次又一次地向自己妥协，最终的后果就是使自己产生深深的挫败感，也使得自己一蹶不振，变得沮丧绝望。当然，要做到这一切的前提就是严格要求自己，知道自制的重要性，理性地为自己建立目标，从而使人生摆脱失败的厄运，最终获得成功。

一个人如果没有自制力，就像人生没有翅膀，必然在各种困境和绝境之中沉沦下去。一个人唯有拥有自制力，才能更加自控，从而掌握人生的主动权，收获精彩充实的人生。记住，人生短暂，每个人的人生都不应该虚度，唯有有效自控，才能战胜内心的空虚，最终获得真正的成功。

第 09 章

直面风浪，阻力往往是进取的动力

人人都希望自己的人生道路顺遂如意，一帆风顺，而不愿意遭受更多的阻力，导致自己无力面对。实际上，阻力恰恰能使人生变得充实厚重，也能让积极乐观的人从人生之中获取进取的伟大力量。人生就像是大海，没有人能保证自己在海面上航行时始终是顺风，相反，大多数人越是惧怕逆风，反而更容易遭遇逆风。与其抱怨风向不对，不如鼓起勇气，勇敢地挑战自己，迎着风前行，在逆风中崛起。

海纳百川，人生也要处于低位

这个世界上，大多数人的先天条件其实相差无几，之所以有的人能够获得成功，光鲜亮丽，有的人却总是与失败纠缠，无法摆脱厄运，并非是因为天赋相差迥异，而是因为成功者和失败者面对挫折与磨难的态度截然不同。逆境，对于每个人而言，都会起到不同的作用，逆境是强者崛起的机遇，也是弱者沉沦的转折点。由此可见，逆境本身并不影响人的命运，而恰恰是每个人不同的心态，让人生在逆境中沉沦下去。

常言道，逆境出人才，是因为那些人才首先是人生的强者，哪怕面对人生的磨砺也绝不屈服，才能在困难面前始终保持坚挺的姿态。如果所谓的人才是胆小怯懦的，是一旦面对小小的困境就缴械投降的，那么他们就会被逆境打倒，也根本无法通过逆境来客观面对这个世界。要知道，战胜逆境唯一的方式在于培养自身超强的意志力，而不是让自己意志力薄弱，意念瓦解。每个人在人生之中，只有不断地崛起，越是面对困难，越是勇敢地发挥自身百折不挠的精神，才能丰富自己的人生阅历，也才能让自己更加从容坦荡。

生活中，几乎人人都会遭遇各种各样的困境，承受挫折接二连三的打击。要想在人生的困境中崛起，最重要的是不要回避挫折，在挫折面前采取积极奋进的态度，也在面对挫折时拥有顽强的意志力，绝不轻易屈服。正如一首打油诗所说的，困难像弹簧，你强它就弱，你弱它就强。既然我们已经了解困难的特性，还有何必要被困难打倒呢?

唐朝时期，鉴真东渡。鉴真是大名鼎鼎的佛学大师，培养了很多优秀的子弟。鉴真还主持建造寺院，编造佛学著作，人人都很钦佩鉴真，也都仰视鉴真。为了弘扬佛法，鉴真决定冒险东渡。然而，在询问哪位弟子愿意追随自己东渡弘扬佛法时，诸多弟子都低下头，没有任何人愿意陪同前往。正当鉴真无奈地准备再次询问弟子时，一位弟子为难地说："日本与大唐相距遥远，而且必须漂洋过海，此去实在是生死未卜。"当时，鉴真毫不犹豫地说："弘扬佛法无须顾惜生命，既然你们都害怕，那就由我自己去吧！"

那个时候，鉴真年事已高，身体状况也不太好。看到鉴真勇往直前的勇气和决心，弟子们也受到感动，决定追随师父。次年春天，鉴真带着弟子们起航东渡，却因为自然环境的恶劣，4次东渡都失败了。即便如此，鉴真也没有放弃东渡。5年之后，鉴真已经60多岁了，却第5次带着弟子们东渡。这次，他们吃足了苦头，被海浪吹到海南岛，鉴真也失去了日本僧人好友，还失去了最爱的弟子。即便如此，他依然不改初心，最终在66岁高龄那年，搭乘从大唐返回日本的船只，进行第6次东渡。这一次，鉴真终于成功到达日本，实现了去日本弘扬佛法的伟大理想。

鉴真东渡前后历时十几年，失败了5次，为此，鉴真尝尽了苦头，也受尽了磨难。但是他从来没有知难而退，而是迎着逆境而上，不断地尝试和挑战自己，超越自己。从本质上而言，逆境并非是为了彻底消灭人，而是为了磨炼人的心智，锤炼人的意志，从而使人在磨炼之中变得更坚强、更从容。众所周知，人生不如意十之八九，任何人只要活着，就不可能顺遂如意。越是在艰难的逆境中，我们越是要鼓起信心和勇气，从而让自己不断地起飞。

海之所以能容纳百川，是因为海的位置最低，海的胸怀最博大。作为人，不管是伟大的强者还是普通人，我们都要常怀空杯心态，勇敢地接纳人生，坚强地直面人生，这样才能让人生更从容，也会在人生之中有更多的收获。

突破自我，踩着失败的阶梯前进

对于人生而言，挫折就像是一条宽广的河流，很难逾越，又像是一块巨大的石头，无法超越。的确，挫折对于人生就是一场考验，唯有超越挫折，人生才能更加从容，也才能进入崭新的境界。当然，挫折未必会使每个人生都沉沦下去，对于弱者而言，挫折是致命的打击，而只有对于强者来说，挫折是垫脚石，能够让强者站得更高、看得更远，也能让强者就此突破自我，取得腾飞。

尽管人人都渴望成功，惧怕失败，但是挫折与失败却是人生的孪生姐妹，也是人生的警示牌。不管什么时候，面对失败，要想成为真正的人生强者，我们就要让自己总结经验和教训，也要积极地改变人生的策略，从而在人生之中重整旗鼓，以更加坚强独立的姿态面对人生的磨难，真正地把人生拥抱在怀里。对于人生强者而言，与其说他们得到了命运的眷顾，不如说是他们面对失败的时候采取了“淘金者”的姿态，所以才能傲然屹立于人生之中，绝不轻易妥协。

成功与失败总是如影随形，在大多数人的人生之中，失败的次数比成功的次数更多，这更使人难以熬过失败的艰难时刻。越是如此，每个人越是应该以坚强的姿态面对人生，这样才能始终在人生中屹立不倒，也才能怀着积极的勇气重整旗鼓，再次迎战人生。实际上，人的心既是无边无际的辽阔天空，也是有限度和容量的。人心之中，如果容纳太多的负能量，那么正能量就会减少，也使人无法鼓起所有的勇气积极乐观面对人生。既然如此，聪明人当然知道要让内心充满正能量，才能真正拥抱人生，也才能坦然面对人生的一切际遇。实际上，那些成功者并非因为运气好才能获得成功，也并非因为独具天赋才能在人生的道路上走得更长远，只是面对失败绝不放弃，为自己争取到更多的机会，在人生中坚持不懈，勇往直前。

如今，喜欢网购的人没有不知道马云的，从阿里巴巴开始，到如今的淘宝和天猫，马云的帝国几乎渗透到所有新时代人的生活之中，也彻底改变了人们的购物模式。实际上，马云的人生并非一帆风顺，早在读书时期，马云的成绩就很不理想，尤其是数学成绩简直让人不忍直视。高考时，马云的数学居然只考了个位数，这让他觉得前途黯淡，甚至怀疑自己根本不可能考上大学。

高考落榜后，马云开始蹬着三轮车四处做生意。他努力地踩着三轮车，遇到上坡的地方，简直要把吃奶的力气都用出来了，极度的疲惫让马云心灰意冷，也觉得自己没有未来可言。有一次，马云在送货之后，在火车站里休息，无意间看到路遥的《人生》，他突然看到了人生的希望。他意识到人生的道路是漫长的，唯有经历各种磨难，成就自己最伟大的事业，才能在人生之中坚持到底，最终到达人生的彼岸。经过慎重的考虑之后，马云决定再次参加高考，并且积极地投身于复习之中。次年，马云参加了第二次高考，然而他的数学成绩虽然变成了两位数，却只有十几分，他再次与大学失之交臂。看到马云每次高考都因为数学成绩而名落孙山，父母也未免觉得失望，劝说马云去学习一种技能，踏踏实实做一份工，也能养活自己。但是马云深刻意识到只有学习才能改变命运，为此他一边打工一边努力复习，就这样，他很快又参加了第三次高考。这次高考，马云有的放矢，数学居然考了70多分，把数学老师吓了一大跳。马云对于自己的成绩很满意，也幸运地考入杭州师范学校外语系。

大学毕业后，不甘寂寞的马云创办了翻译社，后来又机缘巧合地成立了阿里巴巴网络技术有限公司，从此彻底改变了自己的命运。不得不说，马云之所以能够获得成功，与他永不放弃的精神是密不可分的。

人生之中，每个人都有可能遭遇失败，还有很多人更是会遭遇各种各样的失败，甚至被失败纠缠，无法摆脱。在这种情况下，如果一味地抱怨命运，轻而易举就放弃努力，那么无论如何也无法扭转命运的局势。在厄运之中，唯有真正的坚强勇敢、坚定不移走好人生之路，才能如愿以偿获得成功。

很多出身平民百姓的年轻人都羡慕马云的成功，却不知道马云之所以能够摆脱草根的命运，不但没有显赫的家世，更没有出色的外表，还遭遇了无数的挫折和磨难。马云之所以能够拥有今日的成就，就是因为他面对命运永不屈服，正是因为他能踩着失败的阶梯不断前进。朋友们，同样作为草根，你是如何对待失败的呢？

敢想敢干，才能超越自己

人生最大的失败是什么？不是没有独特的天赋，不是未曾得到命运的青睐，更不是始终与失败结缘，导致人生没有崛起的机会。对于任何人而言，最大的失败是不敢想，更不敢真正去干，这样一来，人们必然被困于自己的内心，也必然因为命运的捉弄而自暴自弃，沮丧绝望。

面对挫折和失败，能不能得到外界的援助并非是最重要的，最重要的在于，我们一定要鼓起信心和勇气，面对高山险阻依然一往无前，这样一来，才能超越失败、突破自我，挣脱内心束缚自己的囚牢。正如一位名人所说的，每个人最大的敌人就是自己。由此可见，一个人要想征服全世界，首先要征服自己，才能打开通往世界的大门。反之，假如一个人做任何事情，都先把自己否定了，也不相信自己有能力做得更好，他们非但不敢去尝试，更不可能在人生中有任何收获。

人人都知道人生必须有梦想，这是因为梦想不但能够给人以希望，而且能够让人不断地奋发向上，获得积极的动力。既然人生中充满了坎坷挫折，那么敢想敢干就显得尤为重要。梦想带给人希望固然重要，梦想更要给人以动力，才能成为人生中最强有力的支撑。

大名鼎鼎的台湾商人郭台铭，刚开始经商的时候也并不顺利，但是他敢想敢干，才能把生意越做越大。有一次，郭台铭从朋友处得知一家公司想要生产塑料零件，他当即决定拼尽全力接下这单生意。当时，郭台铭的工厂规模还很小，十几名工人赶工加工塑料零件，他也没闲着，而是留在车间里认真把关，最终完成了这批订单。然而，公司开办没多久，因为全球石油危机，导致经营举步维艰。面对着工厂经营的窘况，郭台铭没有放弃，而是继续筹措资金，从而维持公司正常的运转和经营。

后来，为了扩大经营范围和规模，郭台铭开始涉足电视机的零部件生产。因为没有模具，他又去到各家模具厂建立合作关系。正是因为郭台铭敢想敢干，永不放弃努力，才能在经商的道路上越走越远，最终成为举世闻名的大富商。

从成功的道路上一路走来，没有任何人的成功之路是顺遂如意的。面对成功的渴望、美好的预期，每个人都必须付出加倍的努力，才能最大限度打开心扉，也才能让人生拥有更幸福美好的未来。对于郭台铭而言，如果他曾经放弃了，那么就不会有今日的成就，更不会有自己的商业帝国。由此可见，成功固然需要具备很多条件，最重要的就在于永不放弃努力，哪怕历经艰难坎坷也要一往无前。

在通往成功的道路上，当遭遇坎坷挫折的时候，我们一定要坚定信念，勇敢地开启成功的大门。记住，再好的想法，如果一味地耽于梦想，就会变成空想。唯有真正地勇敢去做，让自己迈出走向成功的第一步，人生才会取得质的飞跃，也才会切实迈出第一步，让人生的腾飞成为可能。

走过泥泞，你的脚印更清晰

细心的朋友会发现，走在坚硬的地面上，很少有人能够留下脚印，而走在充满泥泞的道路上，却会留下清晰的脚印。这是因为坚硬的地面走起来很容易，也让人生的脚步变得轻飘飘的，而泥泞的地面走起来尽管艰难，却能够给人更深刻的理解和感悟，也会促使人不断地成长和成熟。人生的道路漫长而又曲折，几乎人人都期盼着自己的人生之路一帆风顺，顺遂如意，然而，人生不如意十之八九，也注定了每个人在人生之路上都要走过坎坷和挫折，才能到达理想的彼岸。既然如此，我们还有必要在面对人生的时候犹豫不决，瞻前顾后吗？纵使前面是刀山火海，如果人生没有退路，我们也只能勇往无前。

如今，无数人羡慕明星的光鲜亮丽，羡慕明星的前途一片灿烂。但是他们却不知道，那些看似光鲜的明星在出名之前吃过多少苦，又付出了怎样的艰辛努力。这个世界上，既没有免费的午餐，也没有一蹴而就的成功，每个人要想与成功结缘，都要超越自己的内心，让自己变得坚强勇敢。众所周知，好莱坞硬汉史泰龙是大名鼎鼎的演员，但似乎没有人知道，史泰龙在真正成名之前，遭遇了多少坎坷挫折与无情的拒绝。看了史泰龙的事迹，也许我们每个人对于成功都会有更深刻的理解和感悟。

高中毕业后，史泰龙就梦想着成为众人瞩目的演员。然而，史泰龙既没有优秀的外形条件，也没有进行过关于表演的学习，更没有任何表演的天赋，可想而知，对他而言要想在演艺道路上崭露头角是多么艰难的事情。但是史泰龙并没有放弃，而是努力去做，一步一步地接近自己的理想。

正如人们常说的，世界上的事情都怕“认真”二字。史泰龙想到了当即去干，他去了好莱坞，四处拜访制片人、导演和明星，甚至想方设法与那些普通的演员攀上关系。然而，他把所有能找的人都找了个遍，依然没有如愿以偿当上演员。为了最大限度接近自己的梦想，史泰龙进入好莱坞当零工，打杂，做各种各样的笨重活儿。他一边工作，一边寻找机会，为了当上演员，甚至创作剧本。但是，一位导演虽然看上了剧本，却拒绝由史泰龙担任主角，为此，史泰龙感到充满希望的心又暗淡下来。即便如此，史泰龙也没有气馁，终于有一位导演愿意先拍摄几集史泰龙的剧本，也答应让史泰龙担任主角，但是史泰龙最终能否继续出演，则要看他的表现。出乎这个导演的预料，史泰龙的电视剧刚刚播出第一集，就突破了全美最高收视率，创造了电视剧的收视奇迹。从此之后，史泰龙成为整个美国乃至全世界声名显赫的大牌演员。

如果史泰龙一旦遭遇拒绝就选择放弃，那么如今的好莱坞就会少一个硬汉演员，而多一个默默无闻的勤杂工。正是因为史泰龙的坚持，正是因为他绝不放弃的精神，他才能够在人生中有更好的发展，也才能够突破自我、成就自我。

每个人都应该记住，在这个世界上，只有在充满泥泞的道路上，才能留下征服者的脚印。否则，如果遇到小小的困难就放弃，如果面对很多事情都措手不及，不知所措，那么最终的结果就是黯然失败，再无任何成功的可能。记住，人生掌握在你的手中，命运也掌握在你的手中，你的心决定了人生的方向，你的努力决定了你在人生之路上能够走多远。朋友们，若是选择了一条属于自己的道路，就坚定不移、勇往直前地走下去吧！

顶风前行，才能一帆风顺

有人说人生是一次没有归途的旅程，只有去路，没有回路；也有人说，人生就是一次航行，在茫无边际的大海上到底驶向何方，这是每个人都非常担心，也忧心忡忡的。然而，经验丰富的水手知道，越是在没有任何参照物的大海上，越是要确定前进的方向，尤其是当遭遇风浪的时候，顺风而行并非是好的选择，真正明智的水手会选择逆风前进，这样才能真正一帆风顺。

尽管人们很喜欢用“万事如意”“一帆风顺”之类的语言祝福他人，却不知道这只是美好的祝愿。真正的船，会直面风浪，顶风前行，从而更好地把握方向，绝不向狂风巨浪妥协。把航行中的经验用到人生里，我们会意识到，所有的坎坷与挫折，实际上就是吹向船帆的风，这些风并非只来自一个方向，而且时常处于变化之中。作为掌舵手，我们唯一需要做的就是以不变应万变，随时根据风向调整方向，始终顶风前进。现实生活中，很多人都会抱怨人生不如意，抱怨自己在各种挫折和磨难中已经精疲力竭，却不知道抱怨非但于事无补，反而会使事情变得更加糟糕。抱怨还会使人陷入恶性循环之中，导致人们因为各种不如意而颓废沮丧，陷入被动的人生局面。

如果说人生是一场旅行，那么那些突如其来的各种风就是人生的岔路口。面对人生中进退两难的选择，以及各种挫折和磨难，我们都很难战胜自己、超越自己。在这种情况下，唯有坚定不移，不忘初心，人生才能朝着既定的目标和方向奋进，才能真正到达理想的彼岸。

综上所述，当在人生中遭遇挫折的时候，聪明人一定不会落荒而逃，而是会勇敢地面对，绝不背弃自己的初心。毋庸置疑，这个世界上根本没有绝对的完美，虽然人人都追求完美，但是十全九美已经是很难实现的。既然如此，我们要做的不是实现完美，而是最大限度地接近完美。烧制瓷器的人都知道，要想烧出一窑好瓷器，并非是简单容易的事情，从成坯到烧制过程中对于火候的把握等，都需要付出极大的耐心和绝对的用心。哪怕其中一个小小的环节出现错误，也会导致功亏一篑，所以烧制瓷器的人都要非常用心，绝不能有丝毫的疏忽和懈怠。

说起作家这个行业，很多人都会羡慕，殊不知，职业写作尽管听起来很高大上，实际上从事写作的人往往要承受痛苦和折磨。当沉浸在某个思绪中无法自拔时，他们还会情不自禁混淆事实与想象，甚至有些写科幻小说或魔幻小说的作家，还会因此而神思混乱。这个世界上，又有什么职业是绝对容易从事的呢？可以说，根本没有。正如人们常说的，三百六十行，行行出状元，实际上，三百六十行固然都可以出状元，但是要想成为任何行业的状元，绝非容易的事情。只有付出加倍的努力和绝对的坚持，才能有所成就，也才能出类拔萃。

任何人在人生之中都不可能一帆风顺，遭遇小小的挫折就马上掉头逃跑或逃避时，必然导致人生变得被动。对于人生来说，只有成为真正的强者，面对任何艰难险阻都一往无前，才能超越自我，超越困境，收获精彩的人生。

纵观古今中外，大凡有所成就者，无一不是在人生中付出很多，也能够坚持不懈的人。人人都羡慕成功者的光环，误以为成功者一定是得到了命运的眷顾，却不知道成功者之所以能获得成功，只是因为他们面对失败绝不放弃，面对挫折绝不气馁，正因为如此，他们才能不断地奋勇向前，最终缔造生命的奇迹。不管是哪个行业的人才，要想出人头地、出类拔萃，就必须让自己努力奋进，拥有顽强不屈的精神。

不认输，才能争取到赢的机会

大凡成功人士，都不是因为得到命运的眷顾才获得成功的，而是因为在成功之前遭遇了太多的磨难，而始终不放弃。对于很多无关者来说，遭遇那么多的挫折原本就该放弃了，但是成功者偏偏不放弃，越是艰难越是坚持，非要比一比自己和命运，谁的骨头更硬，谁的勇气更大，谁更有毅力，谁更能坚持。在这样的较量和权衡之中，可想而知成功者是笑到最后也是笑得最好的人，所以他们才能在失败之后依然坚定地爬起来，拍拍身上的尘土，继续勇敢地向前，向前，再向前。

不可否认的是，成功者绝非从未失败过。相反，他们甚至比普通人遭遇了更多的失败。尤其是那些明哲保身、不愿意轻易尝试而逃避失败的普通人，几乎没有机会失败，也因此而失去了成功的任何可能。但是成功者却不同，他们不惧怕失败，也不愿意被失败打垮，因而能够从失败中崛起，踩着失败的阶梯奋勇向前。每次跌倒，他们都会努力地爬起来，这样的永不服输，这样的坚持不懈，让他们最终走到成功的终点站，也给予自己的人生一个圆满的交代。这就像是真正的勇敢者并非是不知道害怕，而是明知山有虎，偏向虎山行。人们常说的初生牛犊不怕虎并非是勇敢，更确切地说，是不知道害怕而已。所以一个人要想赢得人生，最重要在于不认输，越是失败，越是逆流而上，这样才能追根溯源，到达为有源头活水来的地方。

菲尔德准备在海底铺设一条电缆，这条电缆连接美国和欧洲，可想而知工程有多么艰难和浩大。才刚刚开始铺设，就遇到了巨大的困难，轮船在铺设电缆时失败了，严重倾斜，险些倾覆。在失败了无数次之后，很多人都动摇了，但是菲尔德坚信这是一项能够获得成功的伟大事业，也认为这件事情必须做成功。他不顾人们的反对，再次订购电缆，并且寻找更合适的机器铺设电缆。他还特别聘请了相关领域的专家，为电缆铺设工作进行不遗余力的努力。然而，电缆很容易被机器扯断，即使没被扯断，也完全没有电流通过，这到底是为什么呢？看到铺设电缆的工作始终没有进展，有些投资者打起了退堂鼓，只有极少的出投资者被菲尔德的努力和坚持感动，愿意再投入少量资金，以供菲尔德再次尝试。

在最后一次尝试中，也许是命运之神眷顾努力的菲尔德，菲尔德居然很顺利地铺设完所有的电缆，而且电流通过很正常，甚至还成功地发送了好几条消息。然而，正当菲尔德准备和投资者一起庆祝时，电流又中断了。投资者感到彻底绝望，再也不愿意给菲尔德注入任何资金。菲尔德不得不四处寻找新的投资者，但是等待着他的依然是毫无休止的失败。不知道在多少次失败之后，菲尔德终于获得了成功，电缆中电流稳定，信号清晰，一切消息都可以正常传输。

在这个事例中，如果不是菲尔德的坚持，在海底架设电缆的工程也许很早以前就已经终止且被彻底放弃了。然而，面对投资者的接连撤资，面对无数的质疑和怀疑，与此同时还要承受失败的打击，菲尔德始终保持坚强乐观的心，才能最终成功架设电缆，获得人生的成功。

每个人都应该有一颗永不服输的心，也要具备百折不挠、越挫越勇的意志力，这样才能在生活的强暴下始终心怀希望，也才能永远怀着勇气，即使在生命的边缘徘徊，也绝不放弃。记住，你是自己命运的主宰，你的人生你做主，你是你的上帝，你是你的神！

当人生没有退路，你需要的是敢于面对绝路的勇气

细心的朋友会发现一个奇怪的现象，即当一个人有很多选择时，他往往不知道如何选择，甚至因为选择太多而挑花了眼，不知道如何朝着人生中既定的目标奔去。实际上，这正是选择太多导致的，因为当选择太多、退路太多时，我们反而无法沉下心来一门心思本着初心努力奋斗，朝着既定的目标奋进。相反，如果一个人别无选择，那么他也许就会拼尽全力朝着人生既定的目标冲刺。看到这里也许有些朋

友会说，如果我的人生没有绝路怎么办？就像机会并不都是等来的，在人生没有绝路的时候，我们可以创造人生的绝路，从而绝处逢生，更能够把一切不可能变成现实。

现实生活中，很多人都情不自禁地为自己留下退路，总觉得当前路不通的时候，有路可退总是好的。殊不知，很多情况下有路可退并非是件好事，因为一个人唯有受到激励，勇往直前，才能不断地努力奋进，才能在人生之中拥有更美好的未来。否则，假如受到小小的阻力第一时间就想到后退，那么人生就会真正陷入绝境。面对人生的危崖，我们更要激发起自身所有的精神和斗志，这样才能顺利走过人生的危崖，也才能在人生中突破自我、创造未来。总而言之，这个世界上并没有一蹴而就的成功，任何人要想获得成功，必须努力打开自己的心扉，也让自己真正坚定不移地勇往直前。熟悉历史的人都知道破釜沉舟的故事，故事讲的就是项羽在率领大军渡河去攻打秦军时，砸掉了做饭用的锅，烧毁了睡觉的帐篷，也凿穿了渡河的船只。这样一来，全体将士都知道唯一的出路就是打败秦军，否则无路可退，必死无疑，因而把生死置之脑后，奋不顾身与秦军厮杀。可以说，项羽之所以能够在与秦军9次激战之后战胜秦军，就是因为他有破釜沉舟的勇气和决绝。

当人生命没有退路，你唯一需要做的就是敢于向着人生的绝路前进，在人生的道路上表现出坚决果断、绝不畏缩的勇敢气度。曾经有心理学家经过研究发现，当人置身于绝境之中时，更容易产生爆发力，也因此能够激发出自身所有的潜能，让自己开拓创新、勇往直前。否则，如果一个人生存在安逸的环境中，又如何能够爆发自己所有的力量，决绝地面对人生呢？

很久以前，有个人在山中打猎的时候，捡到了一只非常奇怪的鸟儿。他把鸟儿带回家里，给孩子们玩耍，然而随着鸟儿不断地长大，他才发现这只鸟儿原来是一只鹰。鹰越长越大，村子里的人很怕鹰把鸡崽吃了，坚决要求他把鹰杀掉。全家人都很喜欢这只鹰，因而不舍得杀掉鹰，最终决定把鹰放了，让鹰回到辽阔的天空中。然而，他们想方设法放鹰，每次都以失败而告终，因为鹰总是能够再次回到家里，恋恋不舍地不愿意离去。全家人都很发愁，也担心鹰被村子里的人杀掉。

这时，一位老者对这家人说："把鹰交给我吧，我能让它一去不复返。"家人把鹰托付给老者，老者把鹰带到悬崖边，狠狠地把鹰摔到悬崖下。鹰飞速坠落，直到快到达悬崖底部时才展翅翱翔。它在悬崖上空盘旋了几圈，就决绝地飞走，再也不回来了。

对于这只鹰而言，也许只有断绝它的退路，它才能发挥自己飞翔的本领，在天空中自由自在地翱翔。否则，它总是回到人类家里，而不愿意离开，渐渐地也就迷失了作为鹰的本性，当然不可能激发出自身所有的力量。老者之所以能够成功地让鹰离开，就是因为做法坚决，不给鹰留下任何退路和念想。其实，这何尝不是对于鹰的另一种爱呢！

现实生活中，很多人做事情的时候都喜欢给自己留退路，总觉得一旦遭遇不测或事情的发展不能让自己如愿以偿，有路可退总是好的。殊不知，有路可退并不好，这是因为生活中的很多境遇里，都需要我们坚定不移，绝不退缩。例如著名的凯撒大帝骁勇善战，带兵打仗就很善于破釜沉舟，也因而能够激发全体将士的勇气，让他们以一当十。在生活中，尽管作为普通人，我们也要有坚决的勇气，这样才能在做任何事情的时候绝不退缩，才能在人生之中始终坚持勇往直前，不为任何困难所阻碍。然而，不得不说的是，没有人愿意放弃生命中的一切，在这种情况下，更要学会舍弃，才能切断自己的退路，把自己逼上绝路。

咬紧牙关，就能度过人生的坎

人人都希望自己的人生顺遂如意，希望自己能够得到命运的眷顾，一举获得成功，然而这个世界上不但没有免费的午餐，没有天上掉下来的馅饼，也没有一蹴而就的成功。每个人要想获得成功，就要艰难跋涉，走过通往成功的道路，就要在面临各种坎坷与挫折的时候始终拥有勇气，就要在面对失败的时候依然不忘初心。真正的勇敢者，并非那些在人生中顺遂如意从未遭遇过困境的人，而是在人生中哪怕遭遇困境，也依然勇往直前的人。

要想坦然面对失败，我们就要摆正自己的心态，这样才能突破自我的极限，也才能即使身陷绝境，也绝不随意地自我放逐，甚至诅咒命运。要知道，对于错误的想法和决定，失败并非是坏事情，而是为我们敲响警钟，从而让我们停下来反思自我，也给予自己更好的发展机会。失败意味着我们结束了错误，开始探求正确的道路，也意味着我们要突破绝境，找到人生中新的生机。对于人生而言，任何时候，内在的力量都会起到强大的支撑作用，都是奋斗不可或缺的力量。正如人们常说的，生活如同逆水行舟，不进则退。当我们自以为在生活中保持静止状态，实际上我们正在退步。所谓生活的本质，就是顶着压力不断向上，而不是无奈地被动等待。也许天色已经晚了，黎明还未到来，但是正如雪莱所说，冬天已经来了，春天还会远吗？坚持不是一蹴而就的，坚持也不是短暂的。相反，坚持是漫长的过程，要想坚持，不但要有恒心、有毅力，还要坚韧不拔、百折不挠，才能走完漫长的人生道路，在人生之中收获更多。

在生命的旅程中，每个人都会遇到各种各样的坎。诸如工作、生活、爱情、婚姻等，都未必能让人如愿以偿。当我们鼓起勇气勇往直前，却发现所谓的生路其实是一条绝路，那么我们还如何继续走下去，坚定不移地不回头呢？所谓山穷水尽疑无路，要想找到柳暗花明又一村，也并非那么容易。西方国家有句谚语，叫作条条大路通罗马。这句话告诉我们，一个人要想到达目的地，并非只能一条道走到黑，既可以寻找其他道路，也可以从陆路改为水路，或是天路。时代发展至今，去天空摘月已经成为可能，还有什么事情能难倒伟大的人类呢？

每个人都应该知道，真正的绝境并不存在于外界，而是存在于我们的内心。一个人不管做什么事情都无法保证顺遂如意，都会遇到各种各样的困难。与其抱怨或放弃，不如调整好心态坚持向前。就像一件事情如果不做，就意味着彻底失去机会。如果尝试着去做，那么也许能够扭转局势，或者在尝试着去做的过程中发现新的生机。常言道，笑到最后的人才是笑得最好的人，人生中那些成功者也都是能够坚持到底的人。只有坚持不懈，我们才能突破人生的困境，也只有坚持不懈，我们才能博得命运的青睐，得到命运的赏识和偏爱。

朋友们，假如你们已经获得了成功，千万不要得意扬扬，因为一时的成功不能代表什么。假如你们迄今为止还在与失败纠缠，也不要沮丧绝望，因为唯有战胜自己，超越困境，你才能在生命中有预期的收获，也才能得到命运喜出望外的馈赠。总而言之，当你走出人生的绝境，就会发现人生的困厄并不像想象中那么可怕。在真正的强者面前，一切的困厄都将消失，人生也必然柳暗花明。

第 10 章

专心致志，成功有时候需要一根筋

现实生活中，很多人已经习惯以一根筋形容某人做事情不知道变通，然而实际上，成功有的时候的确是需要一根筋精神，所以我们也要给一根筋正名，才能让一根筋的精神得以发扬光大。任何事情都有好的一面和坏的一面，我们要做的就是吸取一根筋精神好的一面，从而变得更执着，绝不轻易放弃，这样才能专心致志奔向成功的终极目标。

痴迷，也是一种伟大的力量

细心的朋友会发现，大凡成功者，也许独具天赋，也许在某些方面有特殊的能力，但是他们最显著的特点是，不管做什么事情，只要认准了，就不会轻易改变。其实，很多人的成功看似源于机缘巧合，也许只是一转念的想法，当真正展开实际行动去做，当不管遇到什么困难都绝不放弃，他们就能够坚持下去获得成功。

思想是行为的先行者，任何人要想获得成功，都必须在思想的指引下展开行动。从这个角度而言，也可以说成功是在愿望的基础上建立的动机。如果说人的精神世界是充实的，那么成功者的精神世界则充满了积极正向的力量。这就像是在球场上，失败者总是与机遇无缘，而成功者始终能够抓住机遇，最大限度发挥自身的能力，从而把自己的球技发挥到极致。如果一定要说成功者与失败者之间有什么区别，那么区别就在于成功者有韧性，哪怕遇到艰难险阻也绝不放弃，而有一部分失败者是被困于自己的内心，在事情还没有发生之前就已经选择了放弃；还有一部分失败者则一旦遇到失败就彻底放弃，再也不能砥砺前行。由此可见，痴迷是一种伟大的力量，能够打开人的心扉，让人以更积极的态度面对人生，也让人能够砥砺前行，绝不放弃。

她很小就失去了父亲，和母亲相依为命，依靠母亲四处打零工勉强维持生活。初二那年，母亲不幸身患重病，为了肩负起养家糊口的重任，成绩优秀的她不得不辍学，从此之后在小饭馆里打零工，洗菜刷碗，勉强维持生活。

她工作的小饭馆靠近一家艺术学校，有的时候，美术专业的学生在写生之后饥肠辘辘，来不及去学校里放下画板，就背着画板来到饭馆里吃饭。看着那些学生背着的画板，她不由得怦然心动。每当夜深人静的时候，疲惫的她也会拿起画笔绘画。为了更接近艺术的殿堂，她决定去学校里打工，这样也许能听到老师讲课呢。她费尽心思进入学校里当了一名清洁工，除了工作的时间，她可以以旁听生的身份听课，接受老师的教诲和辅导。一年多之后，她参加高考，居然考中了一所美术学院。听到这个消息，母亲高兴极了。后来，她从美术学院毕业，继续努力深造，又去了上海学习美术。对于现状，她觉得很开心，也充满了希望。

事例中的主人公，从一个名不见经传、命运悲惨的小女孩，到成功地考入美术学院，成为艺术家，完全离不开她对于美术的痴迷和坚持不懈的努力。如果轻易地向着厄运妥协，也许她就无法成功改变命运，更不可能最大限度创造人生的奇迹，让自己的人生与众不同，充实而又精彩。

很多情况下，压倒一个人的并非是外界的力量，而是人内心的沉重和绝望。古今中外，大凡有所成就者，无一不是能够在人生道路上踯躅前行的人。他们坚定勇敢，有着滴水穿石、绳锯木断的精神，所以在任何情况下都绝不气馁，都能穿透人生的绝境，都能最大限度创造人生的奇迹，最终看到成功的耀眼光芒。

痴狂的人，往往能突破绝境

众所周知，一个人要想获得成功，就要有如同钉子般深入钻研的精神。然而，很多情况下，所谓的专心致志和全力以赴并不足以支撑人获得成功，越是在艰难的环境中，越是痴狂，才能突破绝境，才能最大限度发挥自身的潜能，让自己拥有更成功和美好的人生。

在这个世界上，很多东西都秉持等价交换的原则，唯独每个人都非常重视的成功，绝不能以等价去衡量。一个人要想在人生中得到什么，必须先努力地付出，很多情况下，哪怕努力付出了，也未必能够得到收获，但是如果不付出，则会失去所有的收获。在这种情况下，我们只有摆正心态，才能顺利突破人生的绝境，也以近乎疯狂的精神，让自己成为一个痴人，也成为一个奇才。细心的朋友会发现，很多创造奇迹的成功人士并非天生有着过人之处，而是能够最大限度发挥自身的能力，而且绝不轻易对人生妥协。正因为如此，他们才能突破人生的绝境，让自己越挫越勇。由此可见，尽管人们常说痴人说梦，实际上痴人不但说梦，还能把梦想坚持到底，努力以行动实现梦想，那么一切就都有可能变成现实。

很久以前，有位国王年事已高，因而开始为子孙后代考虑。他召集所有的大臣开会，让大臣们都贡献出一份力量，编著一本名著，流传给后世和子子孙孙。得到国王的命令之后，大臣们回到家里开始准备编纂巨著。一年多之后，大臣们呕心沥血的巨著终于编著好了，他们迫不及待把厚厚的宝典呈给国王看。国王没有打开宝典，只是看了厚厚的书，就情不自禁皱起眉头："你们完全误解了我的意思，我要编著的是传世的宝典，准备给子孙后代看的，你们这本书这么厚，子孙后代怎么有耐心打开来看啊！"听了国王的话，大臣们都感到非常为难，因为他们已经竭尽全力去精简内容，才有了这本宝典。接下来，他们实在不知道还能如何精简这本宝典了。

后来，大臣们又花费了半年多的时间，好不容易才把宝典缩减了一半。然而，国王还是不满意。最后，大臣们继续努力，又把宝典缩减成一个章节，后来缩减成一个小节，到最后缩减成一页，又缩减成一个段落。看到国王还在不断地摇头否定，有个大臣下定决心，忍痛把宝典缩减成为一句话。国王这才露出满意的笑容，说："各位爱卿，从此之后，这句话将会永世流传，指导我们的子孙后代渡过难关，创造奇迹。"原来，这句话就是如今人人都耳熟能详的一句话——"天下没有免费的午餐"。正如国王所预期的那样，这句话的确永世流传，经得起任何考验，也指导每个人成功地改变命运。

的确，世界上没有免费的午餐，每个人都要付出极大的辛苦和努力，才能改变命运。不管是对于孩子，还是对于成人或老人，唯有不断地付出，坚持不懈地努力，拥有痴人的痴狂精神，才能最大限度激发出自身的潜力，也才能创造生命的奇迹。

现实生活中，任何东西都有自身存在的价值，随着时空的改变，它们的价值也会有不同程度的改变。然而，事物的本质是不会改变的，不管是一个物件还是一个人，都要最大限度激发出自身的潜力，发挥自身的价值，才能改变厄运，创造成功，也实现人生的奇迹。伟大的书法学家王羲之被称为书圣，是因为他对于书法有着极大的痴迷。他从少年时期开始练字，把整整一个池塘里的水都洗黑了，后人把这个池塘称为墨池，由此可见王羲之练字多么用功。总而言之，每个人要想获得成功，都必须拥有绝对顽强的意志力，必须坚韧不拔、越挫越勇，才能最终让自己梦想成真。从本质上而言，所谓成功就是在与失败的博弈中获胜。哪怕是面对一件小事情，要想获得成就，我们也要努力坚持、奋不顾身，才能最终战胜的苦难和挫折，帮助自己实现质的飞跃，获得人生中真正的成功。否则，如果缺乏疯狂的精神，缺乏痴人的精神，一旦遇到小小的困难就放弃，哪怕客观存在的条件再成熟，也会使人距离成功越来越远。

一生很短，做好一件事足矣

人生很漫长，长得看不到头，越是在艰难的时候，越是觉得难熬，甚至祈祷时间过得快一些，再快一些吧。人生也很短暂，如同白驹过隙，转眼即逝，越是快乐的时光越是过得飞快，每个人都要非常快速才能跟得上生命的节奏。看到这里，有很多朋友一定会感到困惑，人生到底是漫长还是短暂呢？真相就是，人生说短暂就短暂，说漫长就漫长，大多数人的人生都是不可复制的精彩，哪怕遭遇坎坷挫折，也是人生中不可多得的机遇，绝不能轻易放弃和错过。在这种情况下，本着对人生负责的态度，我们一定不能贪心，而是要记住人生短暂，做好一件事情就足够了。很多朋友在人生中很贪婪，总是想要遍地开花，把每件自认为值得的事情都做好，也把每件自认为重要的事情都做到十全十美，殊不知，贪婪的心是无底的深渊，随着事情的不断发展，人对于生命的欲望也会越来越强。在这种情况下，我们必须学会控制自己的内心，降低自身的欲望，才能让生命变得简单纯粹，也才能集中所有的精神和心力做好唯一的事情。

现实生活中，很多人羡慕他人拥有好机会，却不知道他人的好机会并非是守株待兔等来的，而是在平日里就时刻做好准备，才能随时抓住机会，让自己有杰出的表现。如果一个人在机遇面前遗憾地说自己还没有做好准备，那么不得不说这个人是不合格的，也是不值得机遇青睐的。细心的朋友会发现，大多数人之所以能够第一时间抓住机会，就是因为他们时刻准备着。真正的强者，真正能够抓住机遇的人，都能够坦然面对人生的机遇。三国时期，刘备三顾茅庐请诸葛亮出山，也许有人会说是因为诸葛亮运气好。实际上，这一切都得益于诸葛亮的真才实学。面对刘备的突然到访，诸葛亮谈笑风生，绝不胆怯，而是字字珠玑、鞭辟入里，说出治理国家的正解。正因为如此，刘备才会那么仰仗诸葛亮，完全信任诸葛亮。

每个人都希望自己能够一鸣惊人，却不知道如果才华浅薄，是很难做到一鸣惊人的，而临时抱佛脚的人，也根本不可能从容自若展现出自己的真正实力。一个人如果真的能够一举成名，必然离不开他平日里的养精蓄锐。朋友们，在羡慕他人一蹴而就获得成功时，你们何曾想到他人平日里的辛苦和努力呢？在演艺圈，有一句古训，叫作台上一分钟，台下十年功。很多人都羡慕明星的光鲜亮丽，又可曾想过明星之所以能够成为明星，与他们平日里的辛苦付出是完全分不开的。也许在功成名就之前，他们已经付出了百倍的努力，也曾经为了赢得人生的机遇而不顾一切地拼搏。所以说，那些真正能够获得成功的人，并非是独具天赋者，而是能够在成功面前始终保持淡定从容，在失败面前也能够汲取经验和教训而绝不放弃努力的人。

很多朋友喜欢读书，尤其喜爱那些经典著作，这是因为他们知道唯有经历时间考验的作品，才是真正的好作品。有些作家尽管高产，但是每部作品反响平平，不能作为传世之作流传。而有些作家尽管一生只创作一部作品，却做到了经典，永远地流传于世。如果你也是一名作家，你选择成为前者还是后者？不得不说，重要的是经典永流传，而不是创造那些在人世间如同蜻蜓点水一般的作品。记住，少而精，总是比数量多更重要。有史以来，很多人自以为是天才，想要涉足每一个重要的领域创造出成绩，最终却都是蜻蜓点水，在任何领域都缺乏好的表现。和那些一生只做好一件事情且流传于世的人相比，他们无疑是失败的。记住，人生短暂，人的时间和精力更是有限的，没有任何人能够穷尽一生做好每一件事情，只有把所有的时间和精力集中起来，用有限的人生创造无限的精彩，才能拥有精彩绝伦的人生，才能让人生拥有突出的成就。

三心二意，反而让人生漫无目的

众所周知，制订目标是非常重要的，因而人人都热衷于制订目标，甚至有些人把目标制订得过于远大，有些人把目标制订得太多，最终导致自己精力分散，无暇顾及所有的目标，反而失败了。那么，如何制订目标才是正确的呢？明智的人知道，目标在于少而精，而不在于多而杂乱。一个人要想拥有精彩的人生，首先要为自己设立正确的目标，从而在人生中拥有更夺目的未来。否则，当目标过于远大，让他们感到心力交瘁，他们最终会放弃实现目标。反之，如果目标琐碎凌乱，他们也会因为精力有限而无暇兼顾。只有制订适宜的目标，并根据自身的实际情况控制好目标的数量，人们才能集中所有的时间和精力，让人生变得目标明确、效率倍增。

在军营中，人人都知道不想当将军的士兵不是好士兵。其实，如果一个士兵不想当将军，恶劣的影响绝不在于他不能成为将军，更在于他因为缺乏目标，甚至连好士兵都当不上。目标是人生的引航灯，没有目标的指引，人如同在茫无边际的大海上航行，永远也找不到方向。没有目标的人还会缺乏眼界，他们犹如井底之蛙，根本无法看到更高更远的地方，也根本不可能给予人生更远大的未来。有人说目标越是大，越能够对人生起到积极有效的引导作用，但是，凡事过犹不及，远大的目标一定要建立在符合现实的基础之上，否则当目标脱离实际，对于现实生活也就失去了应有的作用。远大的目标能够鼓励人、激励人，让人采取切实有效的行动，从而实现人生的宏图。切实有效的目标也能够分解成若干小目标，从而让人一步一步实现人生的远大理想。总而言之，没有目标的人生是不可能 取得成功的，只有在目标的指引下，人生才能集中火力攻打某一个突破口，最终取得质的飞跃。

很多朋友知道，平凡的人生与伟大的人生之间，其实只是相差一线。平凡的人每天重复着索然无味的生活，从来不去想到底要怎样才能拥有更好的人生，就这样按部就班，当一天和尚撞一天钟。而伟大的人生之所以变得伟大，是因为他们在做好本职工作的同时，也极尽目力去看向未来，拥有憧憬和美好的远景。平凡的人孤立地做每一件平凡的事情，伟大的人把平凡的事情做到极致，也用目标把那些平凡的事情串联起来，从而成就卓越。有人说，成功就是简单的事情重复做，实际上，成功的确是平凡的事情重复做，但是成功绝不是罗列平凡，而是积累平凡。科学家告诉我们，量变引起质变，的确，很多事情只要坚持去做，总是能够得到预期的结果。

目标对于人生有着非同寻常的意义，如驴子被挡住眼睛每天绕着磨盘转圈，即使日复一日地走着，也没有走出磨盘。而马呢，拥有远大的目标，所以能够日行几百里，在人类生活中派上了大用场。这个比喻形象鲜明地告诉我们有没有目标的区别，朋友们，你们还愿意成为没有目标的人吗？需要注意的是，制订目标既不要只盯着眼前，也不要把目标订得过于远大。鼠目寸光的人不会拥有远大的人生，不切实际的目标也无法对人生起到积极的、切实有效的引导作用。只有把目标订得恰到好处，客观公正地评价自己，根据自身情况树立目标，我们才能排除万难，在人生中有好的发展，顺利地走上成功的道路。记住，对于人生而言，艰难是正常的，如果人生总是一蹴而就、轻而易举，那么人生就不值得珍惜，当回首往昔的时候，我们也会少了很多炫耀的资本，更无法遇见最好的自己。从现在开始，朋友们，为自己制订适宜的目标，让人生扬帆起航吧！

放宽心思，才能让自己出彩

人生不但有加法，也有减法，减法除了教会人们舍弃生命中很多看似重要的东西，也教会人们要放宽心思，给心灵减负，才能活出人生的精彩，才能不让生命背负着重负前行。用否定的方式教会人们生存的智慧，无疑是人生哲学中的排除方法，也就是告诉人们人生中有哪些事情是不能做的，从而让人更加有针对性地做好自己该做的事情。从哲学意义上来说，知道人生中哪些事情可为，哪些事情不可为，当然也是非常重要的。唯有真正的智者，才能知道人生的界限所在，才能最大限度发挥人生的积极主动性，实现人生的精彩。

当在生活中碰得头破血流时，相信很多朋友都在思考一个问题，那就是如何才能避免人生的弯路，让人生少一些平白无故浪费时间的机会呢？毋庸置疑，人生从来不是最好的反馈，人生也绝不是一蹴而就的。每个人要想获得成功、充实度过人生，就一定要把握自己的心思，从而让自己更加坚定从容，掌握好人生的方向，才能让人生事半功倍。所谓高明的人生导师，能够教会人们什么时候该做什么事情，尽力避免人生的那些陷阱和无法超越的挑战。唯有如此，人生才会有别样的风采，人生的未来也才会充满希望。

众所周知，当我们竭尽全力在人生中完成了既定的目标，内心一定是充实而又欣慰的。而当我们哪怕拼尽全力，却始终不能让自己感到满意，那么我们就会觉得空虚，也会因为人生的苦涩而感到沉重，甚至沮丧绝望。相比起后者，显而易见每个人都想在人生中得到前面的结果，也正因为不断地超越困境、突破和成就自我，我们才能在人生中拥有更美好和杰出的未来。否则，当懊悔自己做了不该做的事情，我们又该怎样迈过人生的重重困境，从而在人生中出类拔萃，与众不同呢？！

人生之中，每个人都要把握生命的界限，既要知道哪些事情是自己必须做的，也要知道哪些事情是自己不能做的。任何情况下，我们唯有超越人生的责任，更好地面对未来，才能避免误入人生的歧途，才能超越现实的残酷，活出独属于自己的精彩。现实生活中，人们常说做事情要有韧性，要有毅力，要能够水滴石穿、绳锯木断。殊不知，韧性和毅力对于人生的成功固然至关重要，但是要想拥有随性洒脱的人生，更重要的是拥有舍弃的心态，能够平静面对人生的舍弃。人生不是一潭死水，而应该是一汪清泉，应该有流入的新鲜的水，也有不断舍弃的废弃的水，这样才能时刻保持鲜活。否则人生始终处于静止不动的状态，永远也无法获得活力和生命力。

古往今来，大多数有所成就的人，无一不是拥有毅力、能够坚持不懈的人。在不断奋斗的过程中，他们总是持之以恒的坚持，作为成功者，他们非但没有得到命运的青睐，反而饱尝命运的艰辛。正是因为他们绝不放弃，也是因为他们能够坦然接受生命的失去，他们才能坚持不懈地积累，汇聚人生中华美的力量，最终战胜人生的厄运，赢得人生的美好和未来。常言道，人生不如意十之八九，任何情况下，都不要抱怨命运，更不要为命运的残酷而放弃努力。不管什么情况下，人生总是美好的，哪怕有一些小小的挫折与折磨，也瑕不掩瑜，也要让生命充满希望。

人生没有回头路可走，人生是一场没有归途的旅程，更是一次不能重来的精彩。每一个真正的人生强者从来不会想当初，更不会假设自己如果当初怎样会如何，因为人生绝不可重来，也绝不能重塑。所以朋友们，从此刻开始，我们最重要的是把握好人生的节奏，从容地改变人生，而不要一味被动地接纳人生，更不要因为人生的苦涩而担忧。记住，只有当你真正去做了，你也才算把握人生，更能够成为人生的掌舵手，在人生的困境中崛起。

让心坚定，不要盲目从众

现代社会，随着时代的发展，以及生活节奏和工作压力越来越大，很多人的内心都不再淡定。这是因为他们总是想要拥有完美从容的人生，却没想过人生从来不是一帆风顺的，而是会遭遇各种各样的挫折和磨难。大多数人的人生就像是一叶扁舟在波涛汹涌的海面上随波逐流，只有掌握人生之舟的人，才能主宰命运，在命运的河流上成为神一样的存在。实际上，心理学家经过研究发现，很多人的先天条件其实相差无几，之所以有些人总是与失败纠缠，而有些人却能排除万难获得成功，就是因为他们面对失败的态度截然不同，在面对人生选择时，也能够坚定不移跟随自己的心，而不是人云亦云，更不会盲目从众。

一位伟大的哲学家学过，对于人生而言，最大的成功是拥有坚定不移的信念，而最大的失败则是人云亦云，总是盲目从容。由此可见，信念之于人生就像是人的脊梁，能够让人的灵魂始终处于屹立不倒的地位，而一个人如果失去信念，就像是在茫然的大海上看不到灯塔的方向一样，当然会迷失自己，也会不知所踪。所以对于每个人而言，都要牢记灯塔的方向，始终记得人生的道路所在，这样才能踯躅前行，哪怕遭遇一些弯路和困境，也绝不迷失自我。朋友们，就让坚定不移的内心指引着我们前进的方向，就让我们拒绝盲目，从而在人生之中勇往直前吧！

作为美国纽约州的第一任黑人州长，罗尔斯出生在贫民窟，从小耳濡目染很多社会上黑暗的一面。但是，罗尔斯出淤泥而不染，能够始终保持内心的坚定不移，从而顺利从大学毕业，而且成为纽约州的州长， 不得不说，这对于很多黑人而言简直是不可想象的，也是根本不可能实现的。实际上，罗尔斯能够有如此的成就，并非偶然，而是得益于他小学时期的校长。

当罗尔斯还在读小学时期，有一天校长走到教室里想帮助每个孩子看手相。原来，校长对于这个贫民窟里的小学已经想尽办法却总是收效甚微，因而才想出用看手相的办法引导孩子们，因为他无意间发现这些孩子都特别迷信。在给孩子们看手相之前，校长先渲染了一番，说曾经被自己看过手相的孩子都前途远大。听完校长的话，罗尔斯迫不及待让校长为自己看手相，校长煞有介事看了罗尔斯的手相，一本正经地说："你的小手指又细又长，我只看一眼，就可以确定你未来一定能够成为纽约州的州长。"罗尔斯震惊不已，因为姐姐为他看手相的时候，曾经说过他能当船长，但是显然和姐姐话相比，见多识广、学识渊博的校长的话更可信。从此之后，罗尔斯就像打了鸡血一样积极地学习，不知疲倦追求进步。纽约州的州长，就像一面鲜明的旗帜在他心中迎风飞扬。他渐渐地改变了，虽然依然穿得破破烂烂，但是他却能够保持干净整洁。因为罗尔斯的出色表现，很快班主任就提拔他当班长，这更让罗尔斯坚信自己终有一日能够成为州长。

在此后的几十年里，罗尔斯始终让自己表现得像一名真正的州长，最终，他在年过半百之时，居然真的成为纽约州的州长。此时此刻，罗尔斯当然知道并非是校长金口玉言的预见让他成功，而是校长在他心中种下了信念，也让他的人生从此有了脊梁。

这就是信念的伟大力量，对于每个人而言，信念都是至关重要的。唯有拥有信念，人们才能在人生的道路上坚持向前，哪怕走过泥泞坎坷，也绝不忘记初心。一个没有信念的人，就像船只在海上失去方向，在暗夜中行走却没有光明的指引，可想而知这样的人生会多么糟糕，该是多么让人绝望和沮丧。要记住，对于每个人而言，成功并非是获得成就，收获荣耀，而是能够活出独属于自己的精彩，让生命始终充实且积极向上。

人活着，除了需要健康的肉体之外，更是需要精神支撑。一个人唯有在精神上始终屹立不倒，才能战胜肉体的苦痛，才能在人生中有所追求。否则，如果人生总是因为各种或大或小的事情就一蹶不振，又怎么能有机会从头再来呢！面对人生的苦痛，我们必须勇往直前，才能真正把握人生、操控人生！

在人生中扎根，不当随波逐流的浮萍

很多人都曾看过浮萍在水中荡漾的样子，随着水波荡漾，浮萍也不停地晃动，哪怕水面上小小的涟漪，都能打扰浮萍的清净，让它们情不自禁随波逐流，根本无法拥有坦然从容、扎根扎实的人生。和浮萍相比，大树则截然不同。虽然大树的树梢高耸入云，在天空高处，随着风吹过，大树的枝叶也会不停地摇摆，但是枝叶的摇摆和浮萍截然不同。无论枝叶怎么摇摆，大树始终能够将根深深地扎在泥土中，绝不动摇。这就注定了大树是自己生命的主人，而不是随波逐流的浮萍。

现实生活中，尽管人人都知道扎根深重的重要意义，但是却很少有人能够真正做到不随波逐流。首先，人都是有从众心理的，当人们看到很多人都做出相同的选择，他们的内心也便感到惶恐不安，甚至完全放弃了自己原本的信念，而一味地服从于他人。殊不知，每个人都是自己的主宰，也只有自己才能知晓自身的情况。如果我们一味地在他人的三言两语中就轻易迷失自己，那么可想而知，未来对于我们而言该是多么糟糕。实际上，一个人无论再怎么设身处地，都不可能完全站在他人的角度思考问题，更不可能真正做到了解他人和为他人着想。从这个角度出发，作为旁观者，我们不应该随随便便对他人的生活指手画脚，企图把自己的思想和选择强加于人。作为当事人，我们更应该坚守内心，固然应该怀着从谏如流的态度接纳他人的好意，却只能把他人的意见当成参考，而不是不加辨识就盲目采用。唯有如此，我们才能从谏如流，也才能扎根深沉，拥有主见和选择。

很多人都感到非常困惑，因为他们明明想要竭尽全力去做到最好，博得所有人的满意和欢迎，但是最终却因此迷失了自我，导致人生陷入焦虑和犹豫不决中。这并非是因为他人说了不该说的话，而是因为我们没有坚守好自己的内心。当我们成为大树，而不是随风摇摆的墙头草，还有谁能够轻而易举影响我们呢？不管是做人还是做事，也不管是面对生活还是面对工作，我们都要坚定从容，从自身角度出发，做好最成功的自己。记住，一个人不管多么努力，都不可能让所有人满意，既然如此，为何不坚定不移做好自己，把问心无愧当成人生最高的追求呢？！

很多朋友都把面子看得太重，一则是过于看重自己的面子，二则是把他人的面子也看得太重。过于看重自己的面子，使得自己不管做什么决定或与人相处时，都会本末倒置，先把面子问题放在第一位，而忽略了问题本身。把他人的面子看得太重，使得我们无法拒绝他人，最终不是勉为其难帮助让他人委屈了自己，就是因为拖延和不懂得拒绝，而让自己与他人之间的关系更加恶化。事实上，这个世界没有任何人能够让所有人都满意，还记得古代的典故《邯郸学步》吗？故事中的主人公因为放弃自己原本的走路方式，盲目模仿他人走路，最终连原本的走路方式都忘记了，只能爬着回到家乡。不得不说，这既是一个让人啼笑皆非的故事，也是一个引人深思的故事。或许有些朋友会说，没有人会忘记自己走路的方式，否则不是连呼吸都忘记了吗？的确，也许一个人忘记自己如何走路的概率很低，但是很容易忘记很多事情。

在选择做一件事情的时候，我们最应该尊重的就是自己的本心。在不违反法律和道德的前提下，我们也应该把自身的所愿当成指引自己做人做事的最高原则。在漫长的人生之中，每个人都会遇到无数的人和事，当遭遇人多嘴杂的时候，我们最重要的就是做好自己，问心无愧，而不要奢望根据别人的随意评价和眼光，就把自己改造到完美无瑕。记住，你就是你——这个世界上独一无二的自己，你不应该变成任何人。

第 11 章

学无止境，任何时候都不放弃进步

生活中，人们常常用小富即安来形容那些有了一点进步就自我满足的人。实际上，小富即安的思想并非是坏事，对于那些追求平淡生活的人而言，也许小小的进步就能满足他们对于自身成长的需要，也能让他们放弃进步，尽情享受生活。但是对于对人生有远大理想的人，小富即安的思想确实很可怕。所谓学无止境，没有任何人能够说自己已经达到知识的巅峰，哪怕是那些伟大的科学家也不例外，既然如此，对于学习，每个人都不应该放弃进步，更不应该对自己小小的进步和成就感到满足。

发挥潜能，让学习无止境

现实生活中，很多人明明可以获得更大的进步和更高的成就，为何却止步不前，不再有任何成就呢？或者他们眼睁睁地看着梦想就在眼前，却不能最大限度发挥自身的潜能，也不能一往无前奔向成功。究其原因，并非他们不够努力或缺乏天赋，而是他们给自己设定了限度，规定了自己进步和发展的高度。很多朋友都曾经看过跳高，随着横杆不断被提升，跳高的人也会一次次地挑战和超越自己。等到横杆无法再提升，他们无论怎么努力也跳不过去，他们就达到了自己的极限。

在每个人的心里，也有这样一根横杆，和跳高运动员面对横杆的态度不同，大多数人在心中为自己设定高度，就不会再去努力超越自己。他们还没有尝试突破和超越自己，就把自己限定在固定的高度。曾经有个心理学家进行过一项特殊的实验。心理学家把跳蚤放到透明的玻璃杯里，一开始，跳蚤总是轻而易举就能从玻璃杯里跳出来。后来，心理学家在玻璃杯上加了一块透明的玻璃盖，跳蚤不知情，继续努力往上跳，但是一次又一次，它总是碰到玻璃盖上。随着碰头的次数越来多，跳蚤渐渐意识到一个真相，那就是不能跳得比玻璃盖更高，否则就会受伤。为此，跳蚤调整了跳跃的高度，此后每次，它只跳跃到玻璃盖的高度以下就停止了。后来，等到跳蚤已经习惯了玻璃盖的高度，哪怕科学家把玻璃盖挪走了，跳蚤也依然保持在玻璃盖以下的跳跃高度。实际上，把这种现象用人类的思维来解释，就是跳蚤已经产生了思维定式，所以它不愿意因为跳得更高而碰壁。很多人也是如此，他们出于各种各样的原因限定自己的跳跃高度，导致再也无法突破和超越自己。在这样的过程中，人们的自信心必然越来越弱，也会导致自己更加自卑，甚至变得麻木悲观。

在心理学上，心理学家把人类身上表现出的限高现象称为自我设限。一个人一旦自我设限，就会扼杀自己的欲望和积极性，从而使自己成为生活中的行尸走肉，无法激发出自身的积极与热情。很多热爱体育运动的朋友知道，每一个运动员至高的理想就是参加比赛和打破世界纪录。还有的运动员说，纪录之所以存在，意义就在于被打破。不得不说，这样的话有狂妄的嫌疑，但正是这样的狂妄，才让无数的运动员致力于打破世界纪录，从而创造一个又一个奇迹。从这个角度而言，狂妄就是积极和热情，是绝不屈服的勇气和创造奇迹的信念。

人总是需要信念的支撑，也需要勇气为自己提供源源不断的力量。如果在没有真正尝试之前，就认定自己哪怕跳得再高，也依然会四处碰壁，随意调整自己跳跃的高度，日久天长，人就成了那个自作聪明的跳蚤。任何情况下，一次失败都不代表什么，一个人唯有不断地奔向成功，努力追求成功，才有可能突破自身的界限，才能在与他人的比较中不断地超越自我、成就自我、记住，一个人唯有摆脱思想的禁锢，才能突破和成就自我，才能让人生取得质的飞跃。

没有人是生而成功的，与此恰恰相反，每个人要想获得成功，都必须坚持努力，绝不放弃。人不是被外界打败的，而是被自己的内心打败的。唯有在面对任何艰难坎坷时绝不放弃，我们才能超越人生的鸿沟，也才能突破内心的禁锢和囚牢，让自己真正获得梦寐以求的生活。

人生艰难，你可以坚持学习

有人说，每个孩子从呱呱坠地开始，如同一张白纸，是可以随意地涂抹和着色的。的确，人生就像是白纸，可以随随便便书写，也能够拥有无限可能。看到这里，也许很多朋友会说，既然如此，我们为何不能拥有自己想要的生活呢？归根结底，每个人的天赋都是相差无几的，之所以人与人最终的命运迥异，是因为有很多人从未真正意识到读书和学习的重要性。大多数人理智上都知道读书和学习的重要性，真正能够做到的人却少之又少。

人人都羡慕天才和成功者在人生中丰实的收获，却很少有人知道这个世界上根本没有真正的天才，所谓的天才，都是通过坚持不懈的勤奋努力，才能改变命运、收获人生的。人人都知道，所谓学无止境，是告诉我们真正的知识和学习没有尽头，也没有所谓的高峰。常言道，书山有路勤为径，学海无涯苦作舟，就是告诉我们生而有崖、知而无崖。假如你真的想通过知识改变命运，想通过学习把握人生，就要坚持终身学习，把自己变成一个空空的杯子，才能在生命中如同需要衣食住行一般需要学习。还有很多朋友抱怨人生艰难，抱怨生活和工作压力山大。殊不知，一味地抱怨非但对解决问题没有任何好处，而且会使人生陷入更大的困境之中无法自拔。归根结底，与其把宝贵的时间用来抱怨，还不如努力提升和完善自己，从而让人生更多一些机会和可能性，也让人生拥有美好的未来。

很久以前，一位学识渊博的教授在为学生们上课。眼看着还有几分钟就下课了，教授决定为学生们做一个小小的实验。教授拿出一个空空的瓶子，然后向瓶子里装满石头。教授问学生们："现在，你们觉得瓶子已经装满了吗？"学生们异口同声地说："满了，满了。"教授笑了，又拿出一些沙子，从石头的缝隙中装入瓶子。很快，沙子把石头的缝隙填满了。教授又问学生们："现在，你们还觉得瓶子是满的吗？"一部分学生想："原本瓶子已经装满了石头，现在又装满了沙子，肯定已经满了。"为此，他们还是毫不犹豫地回答"满了"。而另一部分学生因为被教授装入沙子的行为否定了此前的回答，此时未免犹豫起来，迟疑不定地说："应该满了吧。"这时，教授还是笑而不语，拿出一杯水倒入瓶子，最终，瓶子里装满了水，水溢了出来。这时，教授语重心长地说："从刚开始装入石子，你们就以为瓶子已经满了，实际上，瓶子还没有满呢，还能装入沙子，再装入水。人的学习也是如此，很多人自以为攀登到知识的巅峰，最终随着不断地学习和成长，才发现知识永远没有巅峰。如果你们觉得自己已经满了，那么你们就危险了，因为满了意味着你们的自以为是，意味着你们无法从容面对学习。”听了教授的话，学生们陷入沉思之中。

人生在世，没有任何人是不需要学习的。每个人活在这个世界上，就像那个空空的瓶子，需要不断地在自己的内部注入东西。随着时间的流逝，他们懂得的越多，越意识到自己的苍白无力。所以有人说，自满的人并非是真正博学的人，而是那些一瓶子不满半瓶子晃荡的人。真正博学多才的人，才不会自以为是，自以为高明或者博学。

现实生活中，人人都追求梦想，都希望充实和强大自己。却不知道每个人唯有真正掌握知识，学习好各种知识，才能督促和鞭策自己不断进步，最终在各种挑战和机遇面前，从容地享受生活、发展自我。否则，一个人如果总是把心思用在骄傲和自满上，等到需要用到知识的时候，才发现书到用时方恨少，则为时晚矣。正如古人所说，少壮不努力，老大徒伤悲。所以我们更要牢记“劝君莫惜金缕衣，劝君珍惜少年时；花开堪折直须折，莫待无花空折枝”。对于每个人生而言，宝贵的青春时光转瞬即逝。唯有把握美好的青春年华，尽自己最大的努力好好学习，才能避开人生的弯路，也才能在人生的经历和过往中汲取经验与教训，避免人生的无用功。记住，学习的方式有很多，尤其是时代的发展使得学习的方式和途径更加多元化。每个人都不要一味地局限于学校的教育方式，更不要读死书。唯有让思想变得灵活和开放，形成发散性的思维方式，我们才能坚持拓展自身的学习领域，开拓视野，提高眼界，从而让自己拥有兴趣，在学习上事半功倍。如今，人人都提倡终身学习的理念，唯有最大限度发挥自身的潜力，让学习成为水到渠成的事情，才能让学习效率倍增，也才能让人生拥有更多的可能性。

知足≠不思进取

现实生活中，很多人都把“知足常乐”挂在嘴边，然而真正能够做到知足的人却少之又少。实际上，人不快乐最根本的原因，就是缺少一颗知足的心。从生命根本的角度来说，人只需要很少的物质就能满足自身所需，让人不快乐的并非是生命本能的驱使，而是人永无休止的欲望。尤其是现代社会，随着时代的发展，各种压力接连增大，人们对于现实生活更是有了无数的梦想和渴望。人人都渴望买大房子、买豪华的车子，人人都追求金钱和名利权势，也希望自己拥有更华丽的衣服和更多的山珍海味。实际上，哪怕面对再多的美食，人也最多吃个肚饱溜圆；哪怕住着再大的房子，夜晚安睡也只需要一张床。不管是开着豪华的车子还是乘坐公共交通工具，只要能到达目的地，就足够了。所以真正的知足，不是在生命中永无休止地追求，而是能够降低自身的欲望，从容地享受生活、主宰生活。

众所周知，生命不是一场短跑，而是一场马拉松。如今很多父母都因为担心孩子输在起跑线上，而对孩子进行各种各样的揠苗助长。

对于孩子而言，人生是很漫长的，哪怕一开始晚了些，也不影响孩子最终获得胜利。如何才能更好地享受生命的过程呢？看到前文这句话，相信有很多朋友都会对知足产生误解，觉得所谓不思进取就是知足。其实，所谓的知足常乐，并非是让每个人放弃努力，完全满足于现在。毋庸置疑，对于欲望的追求，也是人们追求和获得成功的动力之一，所谓满足也要讲究限度。凡事皆有度，过犹不及，我们应该把对于生命的追求放在积极乐观的事情上，而不要一味地沉迷于金钱权势。要知道，唯有淡然面对人生、从容享受人生，才能打开心结，挣脱心的囚牢束缚，也才能在岁月的磨砺中看淡一切，放飞心灵。所以永远不要把不思进取误以为是知足。真正的知足是在降低自身欲望基础上的知足，而不是任由生命的河流带着自己漂洋过海，不知所终。如果真正能够看破红尘，可以选择出家修行，怕只怕大多数人都没有看破红尘，却平白无故浪费了人生的宝贵时光，导致生命白白流逝。

在生活中，很多人都非常被动，却自以为是知足。面对生活，他们看似无欲无求，却整日做着白日梦希望得到更多；面对朋友，他们总是被动地等待被结识，而不愿意主动地抛出橄榄枝；甚至面对工作，他们也刻意摆出一份毫不在乎的意思，最终导致人生彻底失去先机。不得不说，一个人唯有保持内心的平静淡然，坚定信念，才能在人生的道路上勇往直前，始终坚定不移走好属于自己的人生之路。

记住，所谓知足，不是自我放逐。人生是一场没有归途的旅程，在人生的旅途中，唯有真正敢于冒险的人才能跨出第一步，才能让自己在人生舞台上尽情展现出风采。还有的人就像是一个蹩脚的演员，总是因为害怕演砸，而让自己束手束脚，不能放开手脚去干。这种情况下，一定要克服内心的恐惧，也要给自己制订切实有效的目标，才能让人生勇往直前，无所畏惧。从本质上而言，人生其实是一场冒险，只有真正的冒险家才能勇往直前，也只有真正的冒险家才能走得最远，到达人生遥远的目的地。记住，任何时候都不要不知足，任何时候也不要过于知足，唯有把握好人生的节奏，在人生中奋发向上、积极乐观，即使面对一切坎坷磨难也能越挫越勇，绝不放弃，我们才能真正成为人生的主宰，也成为自己的上帝。

任何理由，都不该让你放纵

现代社会，激烈的竞争使得每个人都得太累，胎儿从还没出娘胎开始，就被安排好了命运，一出生又被各种安排，为了不输在起跑线上不得不背着书包四处奔波，甚至连童年都被剥夺了。至于成人就更不用说了，成人不但要为生活奔波，也要为了在工作中崭露头角而拼尽全力。人人都希望出人头地、获得成功，却不知道成功从来不是轻而易举获得的。在这个弱肉强食的世界，大多数人并不是不想好好生活，而是因为不能充实自己导致内心脆弱、生活悲催。

命运从来不是公平的，这个世界上并没有绝对的公平，所谓的能力强也只是一种评价而已。既然如此，我们又该如何呢？是一味地抱怨命运不公平，还是竭尽全力提升自己，从而让自己收获更美好的人生呢？一味地抱怨非但不能解决问题，反而会让我们错失生命最宝贵的时光，也因为怨声载道而变得内心崩溃。世界上从来没有免费的午餐，更没有一蹴而就的成功，要想在各种各样的竞争中获得优势，我们就要努力提升自身的功力，才有可能成为人生的赢家，收获人生的幸福美满。

现代社会竞争无处不在，压力也使人无处遁形，不管怎样，我们都没有理由懈怠，更不能随意地放纵。唯有勤奋努力，不断地进取，才能最终达到人生更高的目标，才能在人生中超越自我，获得成功。不可否认的是，每个人在人生之中都有可能遭遇失败，一个人要想重新收获自信，拥有人生，就必须努力实现自身的价值。大多数性格刚强的人，无一不是能够坚持不懈的人。由此可见，要想获得成功固然需要天时、地利、人和，却也需要严格的自律力，这样才能在成功的道路上不断坚持向前，绝不放弃。

每一个性格刚毅的人，都有着心灵的保护伞，都能够让心灵顶风冒雨前行。所谓有得必有失，有失才有得，实际上人生中的很多事情都是可以相互转化的，每个人只有拥有足够的勇气承受失败的磨难，才能在人生道路上奋勇向前，绝不胆怯畏缩。

细心的朋友会发现，古今中外，大凡成功者，无一不是在饱经生活的磨难之后才获得成功的。实际上，人人都具有超强的意志力，很多人之所以看起来脆弱得不堪一击，并非因为他们天生软弱，而是他们缺乏意志力，也并没有有意识地锤炼自身的意志力。正如心理学家经过研究发现的那样，人人都拥有无限的潜能，即便是伟大的科学家也只是把自身的潜能发挥出了十分之一。一个人如果能够积极主动地挖掘自身的潜能，并且努力实现自身的价值，那么他们就会是非常成功的，也能够到达人生的目的地。越是在遭遇坎坷挫折的时候，越是在饱经失败打击的时候，我们反而要越挫越勇，从失败中崛起，也从人生中获得难得的经验。这样一来，我们才能踩着失败的阶梯前进，也才能保持进步的姿态。

当然，不管做什么事情都应该在一定的范围内。面对压力，我们也要努力控制，避免人生的弦绷得太紧。众所周知，弦绷得太紧容易断开，而弦如果太松懈，又无法演奏出优美的乐曲。对于人而言也是如此，既需要将压力转化为动力，鞭策自己不断向前，又需要放松压力，从而让自己怀着愉悦的心情面对生活，也发挥自身的主观能动性，最大限度赢得人生的胜算和成功的可能性。

与时俱进，让人生与世界接轨

随着时代的发展，世界已经进入信息化时代，人类依靠信息能更好的生存。细心的朋友会发现，在我们的身边，有太多的人希望通过利用信息取胜，也希望努力地寻求变通以应付时代的发展。与此同时，不管时代如何变化，我们也要笃定的一点是，我们要怀着与时俱进的信心，才能在不断的进步中完善自我，也在持续的发展之中成就自我。毋庸置疑的一点是，每一个与时俱进的人都能取得进步与发展，而那些墨守成规、不愿意改变自己的人，则一定会被时代的洪流远远地抛下。

有人说生活如同逆水行舟，不进则退。看到这里，也许有的朋友会说自己想要保持原样，岁月静好。实际上，如果是在几十年前，整个社会进展缓慢，想要保持岁月静好固然是可行的。但是如今时代已经进入突飞猛进和日新月异的发展之中，没有任何人能够保持岁月静好，也没有任何人能够始终在人生中维持同样的姿态。要想不动，就要与时代保持匀速发展和进步；要想领先于时代，就要超越时代的发展速度，让自己遥遥领先。如今不仅国家要与时代接轨，每个人也要与时俱进，与世界接轨，才能让自己赢得更好的发展，也才能让自己保持进步的姿态。

作为无产阶级的伟大导师，马克思用先进思想引领世界，伟大的地质学家李四光出身贫苦，之所以能够成为地质学家，与他与时俱进、勇于创新的精神是密不可分的。每个人都是这个世界的一分子，都是社会生活的一个因子。在漫长的人生旅途中，我们唯有坚定不移地面对变化，发自内心迎接变化的到来，才能让自己的思维与时俱进，具备灵活变通的能力，才能在与他人的不断较量和竞争中持续进步。

每个人都是社会的一员，都是时代的推动者，也许有人会拖整个时代的后腿，但是没有任何人能够阻挡时代的进步和发展。所谓螳臂当车，完全可以用来形容那些不自量力的人与整个时代抗衡的事实。当然，人都是有惰性思想的，很多人墨守成规，不愿意改变自己。为了推动改变顺利进行，我们一定要做到以下几点：首先，正如人们常说的，思想有多远，人就能走多远，既然如此，我们就应该努力充实自身的知识，用知识解放自己的思维，也用知识彻底地改变命运，让自己从鼠目寸光变成高瞻远瞩，这样一来很多事情自然水到渠成。其次，如今是信息时代，每个人都应该密切关注最新的信息，及时变更观念，才能培养自身的大局观和世界观。再次，人人都要具备勇气，因为勇气正是激励我们不断奋发向上、勇于创新的力量，也要学会变通，这样才能避免钻入人生的死胡同，也才有信心面对生活中的一切艰难坎坷。最后，我们还要坚定不移地做好自己，完善自身的思想，形成自己的思维和观念，从而对生活兵来将挡，水来土掩，绝不轻易投降。通常情况下，人的思维都呈现出两个主要特点，有的人喜欢线性思维，不管思考什么问题都无法做到以发散性思维考虑更多的可能性，甚至意识不到条条大路通罗马。还有的人是经验主义者，考虑任何问题都从既有的经验出发，很难发自内心接受新鲜事物，也不愿意改变自己的固有思想。正所谓经验主义害死人，不得不说，一味地迷信经验主义，而不管不顾客观外界的发展和变化，的确会对人生产生消极的负面作用和影响，也会使人生无法按照我们预期的样子发展。由此可见，人们常说的心态决定一切其实是有道理的，每个人都应该调整好自身的心态，在生活和工作中奋发向上，勇往直前。

如今，随着通信和交通的发达，整个世界已经变成了小小的村落。以前的人连日行百里都不敢想，现代人不但上天入地，而且还踏足茫无边际的宇宙，把人类的脚印留在太空中更多的地方。从这个角度而言，思想的发展一定要跟得上现实的脚步，这样我们才能不断奋发向上，彻底扭转命运的局势，也让人生拥有更美好从容的未来。

滴水穿石，绳锯木断，学习在于坚持

人人都希望获得一蹴而就的成功，这样在付出轰轰烈烈的努力之后，人生就可以享受从容了。实际上，根本没有一蹴而就的成功，大多数人的成功都是饱经生活的坎坷与磨难，并且通过坚持不懈的努力才获得的。众所周知，一点一滴的成果都不是不劳而获能够获得的，尤其是对于很多旷日持久的努力而言，更是要通过点点滴滴的积累，才能距离成功近一步，更近一步。否则，当成功越来越远，我们又如何能够积蓄力量，勇敢攀登人生的高峰呢?

古人云，滴水穿石，绳锯木断，实际上学习恰恰需要这样的精神和毅力。现实生活中，人人都羡慕学霸，因为学霸看似轻轻松松就能在学习上收获好成果。殊不知，学霸都是把功夫用在平时，所以才能在考试之前轻松度过复习阶段。和临时抱佛脚且效果不好的慌乱相比，学霸坚持不懈每天都有小小的进步，最终在学习上本着踏踏实实的态度，创造了辉煌的成绩。如果说学习一定是有捷径的，人生一定是有捷径的，那就是脚踏实地，每天进步一点点。

众所周知，美国哈佛大学作为举世闻名的大学，其教师更是有诸多过人之处，但在教书育人的过程中也从未骄傲自满。大多数哈佛老师都坚持告诉学生一定要坚持努力，每天进步一点点，才能最终走向成功。既然连世界顶级学府的老师都如是说，作为普通人，我们还有什么理由疏忽懈怠、漫不经心地面对学习呢！

也许有些朋友会说，“我需要为自己制订远大的目标，才能指导人生不断向前”。的确，不可否认的是，人生是需要远大目标的，但是远大目标只能为人生提供大概的方向，要想脚踏实地获得成功，对于人生而言更重要的是那些细小且琐碎的目标。这些目标看似不起眼，甚至只能让我们朝着成功之行的万步之遥前进一小步，但是只要真正迈出了这一步，就具有非同寻常的意义。人生必须学会超越，才能不断地突破自我、提升和完善自我。哪怕是从事一项最简单的工作，我们也要完全用心，这样人生才会更充实，生命中的每一天也才会充满新鲜的血液，活出精彩的意义。

现实生活中，也许有很多朋友都在从事最底层的工作，他们常常因为工作的枯燥乏味而崩溃，也常常因为工作的琐碎和没有进步感受到巨大的压力，甚至觉得人生再无希望可言。那么我们要问，到底什么才是成功呢？成功并非绝大多数影视剧里误导人们的那样轰轰烈烈，成功就是把简单的事情坚持做好，做到极致。看过《感动中国》这档电视节目的人都会发现入选《感动中国》的那些人并没有独特的过人之处。他们之中有普通的乡村老师，有最平淡无奇的乡村邮差，而他们之所以能感动中国，得到全国人的尊重与爱戴，就是因为他们数十年如一日把最简单平凡的工作坚持做好。看起来，他们似乎是没有追求的，因为他们的人生在几十年间没有太大的改变，实际上，他们的内心恰恰有着至高无上的理想和追求，所以才能坚持下去，从来不抱怨，最终以简单的重复创造人生的奇迹。

人是万物的灵长，是万事万物的主宰。人之所以区别于其他动物，就在于人善于思考，也能够应对社会的变化万千。对于任何人而言，最重要的就是学习，只有学习我们才能与时俱进，获得进步和发展，拥有持续进步的力量。不容怀疑的是，每个人在坚持学习的过程中都会遇到各种各样的困难和阻碍，都会因为压力的存在而感到心力交瘁。但是一定要坚信，成功就在转角处，我们唯有怀着感恩之心面对生活，不断地坚持下去，才能迎来人生崭新的契机，才能在生命之中创造奇迹，缔造未来。

第 12 章

放手去做，追求梦想就是要倾尽全力

如果你对于梦想的认识仅仅局限在要拥有梦想，那么很遗憾地告诉你，你将会没有任何机会实现梦想，因为梦想从来不是一蹴而就的，更不是轻而易举就能实现的。从树立梦想到真正实现梦想之间，隔着万水千山，任何人不经过长期的努力和艰苦卓绝的奋斗，绝不可能真正实现梦想，甚至连梦想的影子都看不到。要想实现梦想，成功追求梦想，就一定要放开手脚努力拼搏，也要倾尽全力，绝不给自己留下任何遗憾。

马上行动，别让等待成为人生常态

在琐碎无聊的生活中，你是否时常会有一种冲动，恨不得马上去做某件事情，而又因为感受到现实的残酷，不得不无奈地放弃了。当然，放弃的原因未必是由于现实，也有可能是自己的懒惰。例如在某个加班的周末，你可曾特别想要翘班去郊外远足？在某个飘雪的周一，你是否燃起冲动，想帮孩子向学校请假，然后带孩子一起去打雪仗？又或者你还想辞掉工作，去丽江生活一段时间，每天什么也不做，就在丽江的太阳里看看远方呢？不管是怎样的冲动，毋庸置疑，你或者实现了它们中的少部分，但是却错过了其中的大部分。对于很多事情，也许此刻就是最好的时机，毕竟人生苦短，如同白驹过隙，如果一味地等待，让生命悄然流逝，则有可能就错过了一辈子。

常言道，人生苦短，其实人生未必苦短，因为越是快乐顺遂的时光，反而过得越快。现实生活中，人人都想要获得幸福快乐的生活，实际上，幸福的定义是什么呢？从心理学的角度而言，幸福就是每个人对于人生极具个性的感受。同样的一碗热粥，对于生活无忧的人而言是不值得珍惜的，对于乞丐而言也许就是整个冬日的幸福和温暖。

由此可见，对于不同的人而言，哪怕是相同的幸福，也会有不同的感受。所以对于每个人来说，要想实现人生的理想，成功地把握人生，最重要的是马上行动，而不是让那些所谓的金点子都变成不切实际的梦想，又因为延迟变成毫无意义的空想。否则，等待就会成为人生的常态，人生也会在等待之中变得颓废沮丧，不管做什么事情都提不起兴致。

在美国，很多人都知道伊丽莎白。那么，伊丽莎白到底有什么过人之处呢？实际上，伊丽莎白很普通，而她之所以能吸引大多数人的眼球，变得与众不同，就是因为她以82岁的高龄从哈佛大学毕业。看到这里，相信很多朋友都会觉得不可思议，82岁上哈佛，这是什么概念呢？别说80多岁了，很多老人六十几岁就已经垂垂老矣，而伊丽莎白却像很多优秀的年轻人一样从哈佛大学毕业，这简直让人震惊。

实际上，伊丽莎白之所以能做到很多人做不到的，就是因为她具有超常规的勇气。对于伊丽莎白而言，能够从哈佛大学毕业自然是激动人心的，也是非常艰难的。大半辈子之前，伊丽莎白高中毕业，结婚生子，步入了大多数家庭妇女的生活。她在哈佛大学健康服务部工作，这也使得她有更多机会接受大学中浓重学习氛围的渲染，也得以找到各种机会在大学里旁听。虽然伊丽莎白不止一次想象自己能够成为哈佛大学正式的学生，但是她担心自己无法学习那么多繁重的课程。直到70多岁时，在诸多朋友和同学的鼓励下，伊丽莎白终于鼓起勇气就读哈佛大学，争取考取学位。古人云，人生七十古来稀，可想而知伊丽莎白做出这样的决定需要多大的决心和毅力。最终，伊丽莎白用了整整10年，成功从哈佛大学毕业。

伊丽莎白的事例告诉我们，年龄从来不是我们实现梦想的阻碍，每个人唯有超越自身的局限，才能最大限度激发自身的潜能和力量，也才能够勇敢走出属于自己的人生之路。

现实生活中，有太多的人把人生浪费在等待之上。他们无形中浪费了自己的生命，也从年轻有为的青年步入步履蹒跚的老年。朋友们，假如你珍惜人生，不希望人生是碌碌无为度过的，就要当机立断马上去尝试，这样才能避免自己有朝一日因为虚度人生而后悔。

很多人对于梦想思忖已久，却最终因为不相信自己的能力而限定和否定自己。对于任何人做任何事情来说，如果不能做到真正去做，不能放开手脚去拼搏，就会有所畏惧，就会因为错失行动的机会而懊悔不已。尤其是对于工作，很多人都说如果不能从事自己喜欢的工作，那么就要爱上自己的工作，这样才能让自己在工作中充满热情，最终到达人生的巅峰。然而，偏偏有很多人根本不知道自己对什么事情感兴趣，既然这样，我们就要深入挖掘自身的兴趣，在不断尝试的过程中了解自己的兴趣，从而让人生目标明确，也更加意志坚定。记住，只要你勇敢坚定地向着目标前行，你就一定会有所成就，也最终能够突破自我、超越自我，成就自己的精彩人生！

梦想，何时都可以开始

每个人都有自己的梦想，这梦想或始于年少时分，或到了人生迟暮才“不合时宜”地出现。说不合时宜实际上并不正确，因为梦想何时开始都不晚，哪怕是已经到了人生暮年，如果能够端正对梦想的态度，始终不放弃实现梦想，那么梦想就终究有机会实现。梦想是人生的引航灯，心之所向，所指引的方向就是梦想。梦想能够点燃人的激情，激发人一切的潜能，从而让人爆发出巨大的力量，在人生之中哪怕历经坎坷也绝不放弃，哪怕遭遇逆境也能够一往无前。然而，随着生命的流逝，曾经让我们热血澎湃的梦想如果始终被搁置，则会渐渐褪色，甚至遭到抛弃。

对于已经彻底沦落为空想的梦想，很多人给出的答案都是现实太残酷，时光悄然流逝，还来不及实现梦想自己就老了。其实，对于真正有梦想的人而言，对于心中拥有热血和激情的人而言，不管什么时候，年龄都不是最大的阻碍。要记住，任何情况下，唯有当机立断去做，不遗余力地努力，我们才能真正实现梦想，才能在人生的道路上越走越远，最终拥有自己想要的生活。

古今中外，很多伟大的成功人士之所以能够实现梦想，并非是因为他们得到了命运的青睐，而是他们从来不敢轻视梦想，始终迫不及待地创造梦想。一旦树立了梦想，确立了人生的方向，他们就能一往无前，无所畏惧。记住，梦想何时出现都不算晚，有梦想的人是很年轻的，因为他们的心永远也不老。还记得美国的摩西奶奶吗？摩西奶奶原本只是一名普通的农妇，在76岁高龄拿起画笔，最终成为举世闻名的画家。实际上，摩西奶奶并非是在绘画方面独具天赋，她最大的成功来自她的勇气。正因为如此，摩西奶奶才能以高龄成为高产画家，开启人生的新篇章。

从本质上而言，一个人是否能够在某些方面做出杰出的贡献，是否能够获得事业上的成功，年龄都不是最重要的。生命不能创造奇迹，只有对人生有绝不屈服的勇气和毅力，人们才能创造奇迹。现代社会，很多人都对自己持有怀疑的态度，他们不相信自己能够冒险成功，也不相信自己仅凭热情和勇气就收获满满。试想，如果世界上没有第一个吃螃蟹的人，也许人们迄今还不知道螃蟹的味道多么鲜美呢！而当番茄作为爱情果传入中国的时候，如果没人敢吃，那么这种健康食物也会晚一些时候才能为人所享用。

任何时候，我们都要牢记一件事情，那就是不忘初心，牢记本心，勇敢地追求梦想，实现人生的成功。总而言之，梦想的力量是永无止境的，梦想不但给人生带来幸福快乐，当我们勇敢地坚守内心，也不忘初心时，梦想还会赋予生命崭新的意义和了不起的价值。时间对于每个人都是公平的，唯有奋斗才能让生命变得更具有价值，也才能让人生不断地奋发向上，充满澎湃的热血和昂扬的激情与斗志。

在行动面前，一秒的等待都是多余的

众所周知，好机会总是转瞬即逝的，所以要想抓住机会，一定要把握每一分每一秒的时间，甚至连转瞬的延误都不能有。看到这里，也许有些朋友会纳闷，面对人生的机会，如何才能判断这机会会给我们带来成功，还是导致失败呢？不假思索就抓住机会，这也太难了，因为有些人反应比较慢，还得反应一段时间才能切实展开行动呢！这样的思虑当然不是杞人忧天，但是在行动面前任何等待都是浪费时间，这也同样是真理。如何协调好快速反应和及时决断之间的关系呢？这对于每个人而言都至关重要，也是必须面对的问题。

通常情况下，成功者往往是积极主动的，因而我们认为成功者拥有主动型性格。与成功者恰恰相反，大多数与失败纠缠的人，不管做什么事情都无法摆脱拖延，陷入被动之中。认真观察成功者与失败者，我们会发现成功者还有一个特质，正是这个特质决定了他们能够始终认真做事，绝不放弃。相比成功者，被动者做事情的时候都有一定程度的延误，也因为拖延而导致自身能力的降低，甚至使自己完全错过生命中的绝佳好时机。

现实生活中，听起来最让人感到绝望和无奈的一句话就是“早知道这样，我当初就……”试问说这句话的朋友，难道你们不知道时光是不能倒流的，人生也没有回头路可走吗？既然如此，你们为何还要悔不当初呢？很多机会一旦错过，再也不会重新来过。很多时候，一次延误就会让我们错过最佳的行动时机，导致行动拖延。众所周知，在这个世界上，犹太民族是比较聪明的，他们虽然人口很少，但是却掌握着全世界7%的财富。实际上，犹太人并非生来就很聪明，也出类拔萃，他们最显著的特点就在于任何时候都能当机立断，绝不把任何事情拖延片刻。正是这样的行动力和果断力，才让犹太人在全世界享有盛誉，也让犹太人成为不折不扣的聪明的民族。

对于成功者，很多人都存在误解，即觉得他们之所以获得成功，就是因为独具天赋。事实却告诉我们，成功者天赋平平，并没有过人之处，而他们之所以能够获得成功，是因为他们总是能够抓住机会，果断地展开行动，绝不犹豫片刻。很多在北、上、广、深等一线城市生活过的朋友都知道，身边有相当一部分人希望有朝一日能够逃离大城市，回到安逸舒适的小城市生活。然而实际上，这样的逃离往往是某些人的口号，也许他们在短暂的时期内无数次说起要逃离的事情，实际上却从未真正动过逃离的心思，更没有切实回到家乡考察或者真正离开大城市。如此一来，他们陷入对大城市日复一日的厌弃中，甚至不知道怎样才能摆脱困境。

羡慕那些成功者的时候，朋友们，不要一味地被成功者身上的光环所迷惑，而要清楚地意识到成功者之所以能够获得成功，就是因为他们绝不放弃，勇往直前。从现在开始，就让我们向着人生的目的地出发吧，也许你就是下一个成功者。即使失败了也没关系，因为你的未来把握在你的手中，你就是自己生命的导演、人生的掌舵手、不容忽视的神和上帝！

立即行动，才能快人一步

树立梦想之后，下一步最重要的是什么？不是验证梦想的可行性，也不是自我设限，而是要脚踏实地地去做，哪怕失败了，也能收获经验，这才是最重要的。偏偏很多人意识不到这一点，在树立梦想之后，只顾着瞻前顾后、犹豫不决，唯独忘记只有切实行动、真正开始，才能距离梦想更进一步。也许有些人会说，“我之所以止步不前，是因为条件还不具备，思虑也不够成熟”，那么试问你何时才能把凡事都想好，何时才能在人生之中拥有更多的可能性呢？

和鲁莽的行动相比，更可怕的是思虑过于周全，导致原本有可能做成功的事情变得完全没有可能实现。所以说，想得再早也没有用，唯有立即执行，才能真正快人一步。偏偏很多人意识不到在树立梦想后，下一步的行动方向是至关重要的，行动速度更是会决定到底成功还是失败。

曾经有人说，只要开始，就不算晚。的确，开始的时间有先后和早晚，但是相比那些磨磨蹭蹭不愿意开始的人来说，何时开始都是值得赞许的。然而，正如人们常说的，既然哭着也是一天，笑着也是一天，我们为何不选择笑着度过人生的每一天呢？同样的道理，既然早晚都要行动，我们为何不早些行动，也能让人生拥有更大成功的可能性呢？现实生活中，很多人都有拖延的毛病，他们或因为恐惧改变，或因为不愿意当机立断展开行动，总是无限期地拖延下去。殊不知，行动的机会很重要，任何人都不可能只凭着想象就获得成功。对于每个人而言，最大的成功是当机立断展开行动。有的时候，我们看似面临困境，只有切实展开行动，才会发现在行动过程中，那些看似解不开的困局却会迎刃而解。所以朋友们，不要一味的杞人忧天，也不要过度未雨绸缪。当不知道自己接下来该做什么的时候，就按部就班地去做，怀着真诚的心态勇敢面对人生，也在人生中拥有意外惊喜的发现。

很久以前，有一支探险小分队深入非洲的原始森林。众所周知，原始森林里条件非常恶劣，探险队员精诚团结与合作，好不容易即将走出原始森林。正当此时，一路上带领他们战胜千难万险完成任务的队长突然遭遇生命危险，因为染上疾病，再也无法走出森林。队长为了不拖累队伍，当即决定独自留下等死，而让其他队员按照原计划走出森林。

在与队员们分别之际，队长拿出一个箱子交给队员，郑重其事地说："这个箱子里放着比金银财宝更重要和珍贵的东西，无论如何，你们在走出森林的第一时间就要把箱子送给我的朋友。"队员们意识到队长沉甸甸的托付，面色凝重并以人格担保一定会完成队长交代的任务。虽然即将走出森林，但是接下来的道路依然很难走。队员几乎拼尽全力才走出森林，又艰难跋涉好几天，才回到人类社会。他们第一时间就带着箱子去见队长的朋友，朋友当着队员们的面打开箱子，每个人都很惊讶。原来，箱子里并没有装着队长所说的比金银财宝更贵重的东西，而是看起来平淡无奇的几截烂木头。队员们面面相觑，不知道队长为何要欺骗他们，这个时候，队长的朋友感慨万千地说：

“这个箱子里，装着的是你们的生命。如果不是因为这份托付，也许你们就会彻底地放弃努力，也就无法走出森林了。”

的确，如果不是因为承诺队长一定会把箱子带回去交给队长的朋友，剩下的队员在漫长艰难的跋涉中，又因为已经靠近森林的边缘，说不定会因为精神上的松懈而彻底放弃努力，也就不可能走出森林了。由此可见，心中有目标，切实展开行动，有精神力量的支撑，是人们获得成功的必要条件。

毋庸置疑，每个人追求梦想的道路都不是顺遂如意的，很多成功者为了实现人生的理想和远大的目标而不懈奋斗，他们并非不会感到疲惫，而是哪怕在已经拼尽全力的情况下，也依然能够勇往直前，绝不懈怠。所以朋友们，虽然作为普通人未必有机会出人头地，但我们也必须树立正确的理念，拥有坚定不移的信念和意志，这样才能激发出自身所有的潜能，也才能摆脱平庸，获得成长和进步。记住，所谓的精英和天才并非天生的，而是在人生努力的过程中不断地积累才能持续地提升和完善自己，才能为自己的人生创造更多的奇迹。从现在开始，让我们用梦想点燃人生的希望，以行动迈出走向成功的第一步吧！

你只管努力，命运自有安排

很多人都特别精明，尤其不喜欢付出后没有回报，为此每当在付出之前，他们总是在内心深处进行一番权衡，对于那些可以量化的付出与收获，甚至会拿出计算器噼里啪啦计算一番，从而做到心中有数。的确，一个人在付出之后希望得到收获和回报，这是毋庸置疑的，也是可以理解的。但是当一个人做任何付出的时候，都毫无例外斤斤计较，把收货当成付出的先决条件，那么可想而知，这个人必然无法得到命运慷慨的馈赠，也会因为自身的犹豫不决，错过好时机。

很多人误以为那些成功者都是独具天赋的人，并且得到了命运的青睐，所以才会有好运气，不管做什么事情都非常顺利。实际上，这样的想法恰恰是错误的，现实情况是，那些成功者非但没有得到好运气，反而比常人吃了更多的苦，遭遇了更多的磨难。他们之所以获得成功，就在于他们面对失败绝不气馁，面对付出没有收获的窘境也绝不抱怨。正如人们常说的，付出未必有收获，但是不付出注定没有任何收获。尤其是对于人生，每个人虽然竭尽全力想要成为命运的掌舵者，但是他们却并不能真正主宰命运。对于任何人而言，唯一能做的就是拼尽全力，剩下的等待命运做出安排。

反过来说，一个人如果想获得成功，一定要努力，也可以说努力是通往成功的必经道路，是成功唯一的经验。很多人做梦都想获得成功，但是他们对于成功犹豫不决的态度，未免让人着急。如果一个人在做任何事情之前都先衡量自己将会收获什么、收获多少，那么他最终除了失败就是失败，不可能有其他的命运。细心的朋友会发现，古往今来，那些能够做出伟大成就的人，无一不具有决绝的精神。也可以说，成功者之所以获得成功，除了天时、地利与人和之外，还因为他们具有坚决果断的精神，能够奔向心中的目标绝不放弃。

众所周知，拿破仑是骁勇善战的将军，也是具有宏才伟略的政治家。他之所以能够创造历史的史诗，就是因为他不管做什么事情都非常投入。他常常连续工作十几小时，或做一项工作，或穿插几项工作交替进行。正是因为能够集中所有的精力用于工作，正是因为专注自己的目标绝不放弃，拿破仑才能创造奇迹，让自己名垂青史。

很多人都羡慕他人拥有好运气，却不知道那些成功者尽管从事着最简单的工作，却能够把简单的工作做到最好，做到极致。正如人们常说的，所谓成功就是把简单的工作重复做，就是把一件小事坚持做到最好。这份韧性和毅力就是寻常人所做不到的，因而每个人都要从自身出发思考失败的原因，而不要总是因为失败错过生命最美好的收获季节。

所谓勇往直前，所谓拼尽全力，未必是说一个人要摒弃其他的一切事情，而唯独做好一件事情。毕竟人生是琐碎的，成功也绝不简单和纯粹。所谓的拼尽全力是相对而言，是指一个人在做某件事情的时候心无旁骛，发挥自身最大的力量，最终成就自己、超越自己。否则，一个人如果总是这山看着那山高，觉得自己才华横溢，能够把很多事情做好，那么他们又如何创造奇迹，突破自我呢？！

生活就在当下，任何事情只要从当下这一秒开始，就绝不算晚。这个世界上，没有人能一蹴而就获得成功，重要的是持之以恒，用今天的努力为明天的成功奠定基础，用每一天的努力为人生奠定基础。

当你真正全身心投入做好某件事情，当你竭尽所能实现自身的价值，你就会收获满满，如愿以偿拥有自己想要的人生！

梦想，并非是一定要实现什么

对于梦想，很多人都会犯类似的错误，那就是功利心太强，总觉得有梦想就一定要实现，或者觉得梦想就是用来实现的。实际上，梦想存在的意义并非是实现，当然，能实现固然好，如果不能实现，用梦想照亮现实，也是很好的选择和结果。

记住，梦想并非是必须实现什么，但是也不意味着梦想就要变成空想，永远地搁置。佛家讲究人生随缘，作为普通人，我们也要随心随性，而不要过于强求。现实生活中，很多细心的朋友会发现，大多数成功人士并非有着独特的天赋或超高的学历，他们之中很多人甚至连学都没上过，最终却能获得成功，这是因为他们对梦想怀有正确的态度，也能够积极果断采取正确的行动。相比高学历者，低学历者更注重实践和经验，而不会一味地纠缠于所谓的知识，更不会为了实现目标而本末倒置。当然，并非所有的高学历者都是如此，这也为高学历者敲响警钟，唯有采取发散性思维，更多地关注事情本身，才能无心插柳柳成荫。

对于梦想，每个人都有自己不同的理解，曾有哲学家说过，梦想能够指引人生得以升华。众所周知，梦想是非常伟大的力量，只有行动才能实现梦想。作为普通人，要想获得成功，拥有与众不同的人生，最重要的就是放下空想，脚踏实地地去做，给人生切实可行的计划，从而一步一个脚印、一分努力一分耕耘地进步。当把想法和现实联系到一起，当人生在脚踏实地中不断进步，人生就会获得成功。否则，梦想再远大，如果不能变成切实的脚步不断前行，就会成为空想，也会成为人生的败笔。

有些人之所以不敢实现人生的梦想，就是因为他们惧怕梦想，也不想人生因为梦想的失落而变得黯淡。从这个角度而言，有些人是害怕梦想的。要想消除这份恐惧，就要打消内心的重重顾虑，也不要因为畏惧失败而止步不前。记住，对于人生而言最大的悲哀就是在等到人生即将走入终点时，才开始懊悔当初没有勇敢地去尝试，没有放开手脚去努力实践。所以朋友们，不要把面子看得那么重，也不要把梦想看得那么重，唯有更专注于实现梦想的过程，竭尽全力去努力，梦想才有可能得以实现。如果不曾真正去做，那么一个人如何知道自己的潜能有多大呢?

从古至今，那些伟大的人都拥有坚韧不拔的精神，也饱尝生活的磨难和艰辛。但是他们从未放弃努力，更没有因为小小的挫折就彻底否定自己。所谓行动促进梦想，是因为行动能够让现实与梦想之间距离更近，朋友们，以实际行动迈出通往成功的第一步吧。

与成功相比，失败更是人生的常态，更是人生理应接受的现实。朋友们，就让我们从现在开始努力提升自己，脚踏实地获得进步吧！当你真正用行动为自己代言，当你从那些不值一提的小事展开自己实现梦想的道路，你所要做的就是通过实现人生的小目标，逐步实现人生的大目标，也在实现梦想的过程中成就自己，缔造自己传奇的人生。

参考文献

[1]韦娜．世界不曾亏欠每一个努力的人[M]．天津：天津人民出版社，2015.

[2]陈励．与自己较量[M]．北京：经济管理出版社，2016.

[3]杨国锋．做到竭尽全力，拼到感动自己[M]．北京：中国纺织出版社，2017.